U0378673

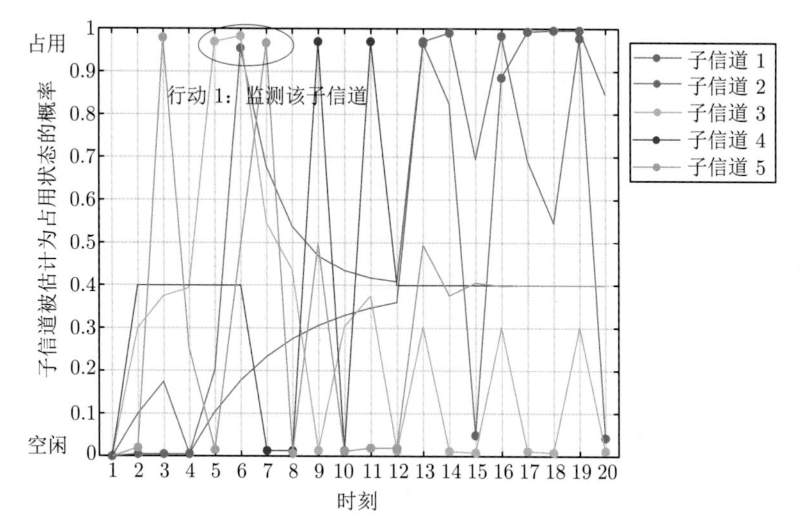

图 2.5 次级用户在感知决策阶段的行动策略及子信道估计状态

$N=5$，$M=2$，$L=2$，$\alpha=[15\%, 30\%, 45\%, 60\%, 75\%]$，
$\beta=[10\%, 20\%, 30\%, 40\%, 50\%]$，$\zeta_f=2\%$，$\zeta_m=2\%$

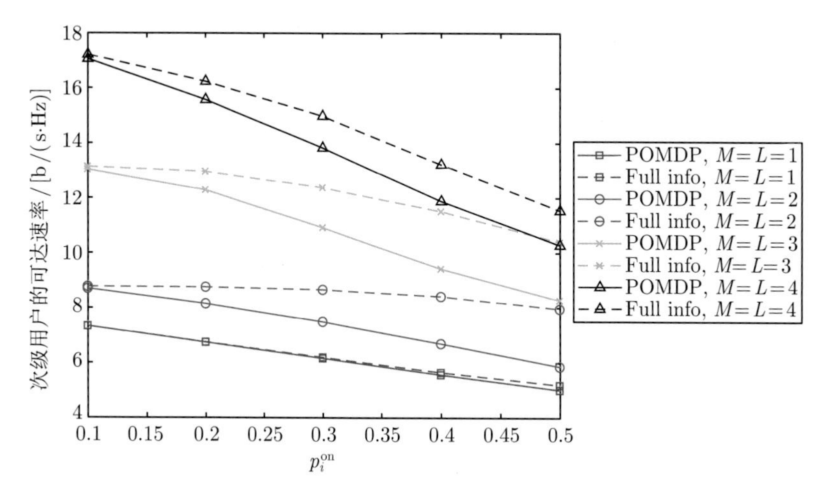

图 2.7 全信息和部分观测信息条件下次级用户的可达速率与信道占用率的关系

$N=5$，$\alpha=[15\%, 30\%, 45\%, 60\%, 75\%]$，$P_{\max}^u=2$ W，
$P_{\max}^o=20$ W，$\zeta_f=2\%$, $\zeta_m=2\%$

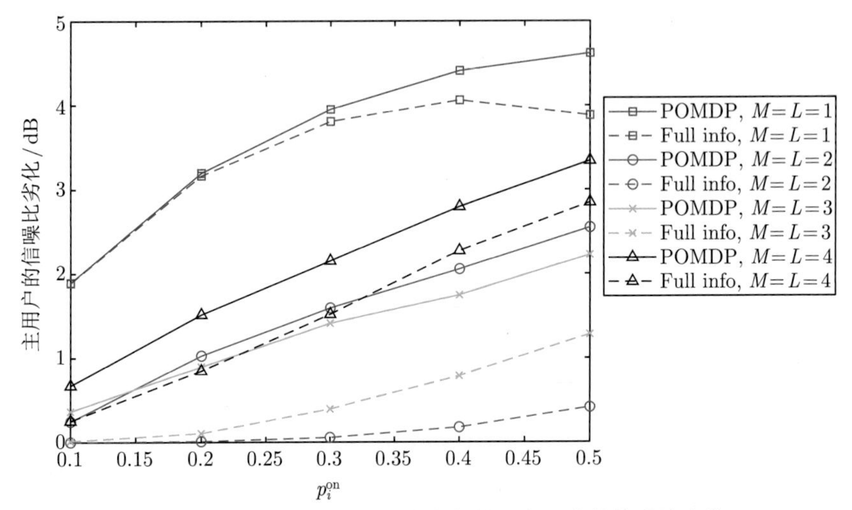

图 2.8 全信息和部分观测信息条件下主用户的信噪比劣化与信道占用率的关系

$N = 5$，$\alpha = [15\%, 30\%, 45\%, 60\%, 75\%]$，$P_{\max}^{u} = 2$ W，$P_{\max}^{o} = 20$ W，$\zeta_f = 2\%, \zeta_m = 2\%$

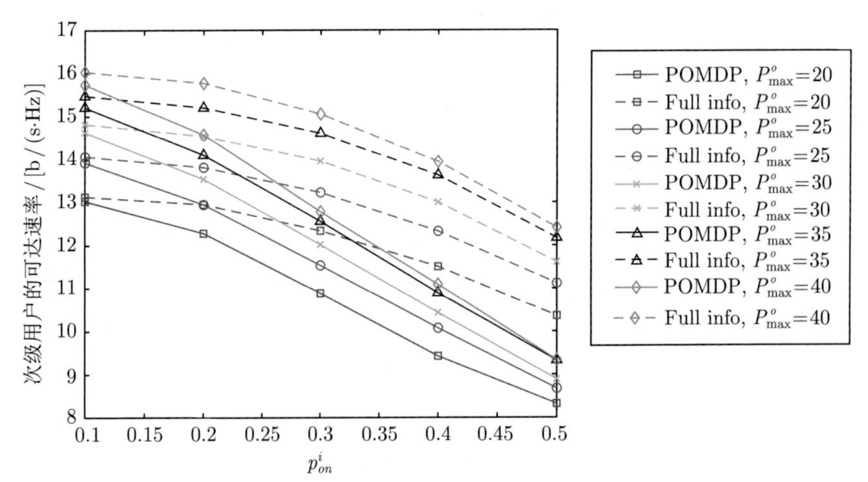

图 2.9 最大允许填充式接入功率 $P_{\max}^{o}$ 影响下次级用户的可达速率与信道占用率的关系

$N = 5$，$M = L = 3$，$\alpha = [15\%, 30\%, 45\%, 60\%, 75\%]$，$P_{\max}^{u} = 2$ W，$\zeta_f = 2\%, \zeta_m = 2\%$

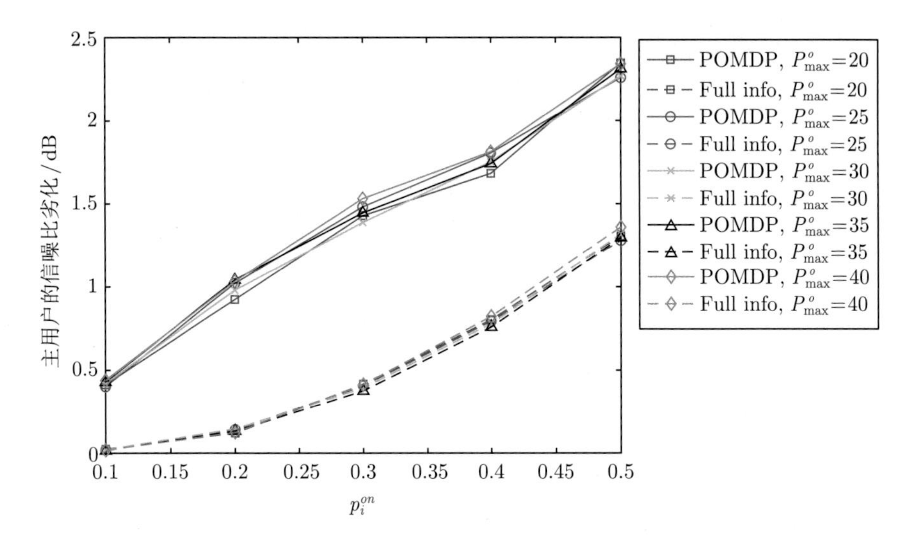

图 2.10　最大允许填充式接入功率 $P^o_{\max}$ 影响下主用户的信噪比劣化与信道占用率的关系

$N=5$，$M=L=3$，$\alpha=[15\%, 30\%, 45\%, 60\%, 75\%]$，
$P^u_{\max}=2$ W，$\zeta_f=2\%$, $\zeta_m=2\%$

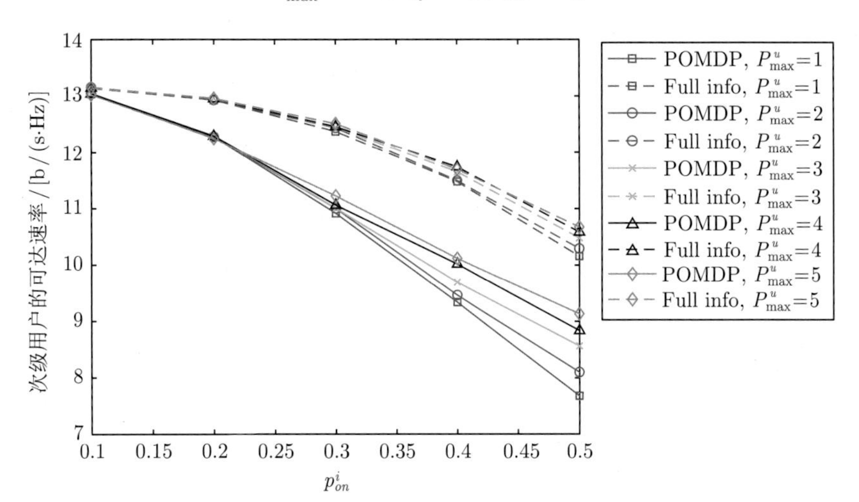

图 2.11　最大允许衬垫式接入功率 $P^u_{\max}$ 影响下次级用户的可达速率与信道占用率的关系

$N=5$，$M=L=3$，$\alpha=[15\%, 30\%, 45\%, 60\%, 75\%]$，
$P^o_{\max}=20$ W，$\zeta_f=2\%$, $\zeta_m=2\%$

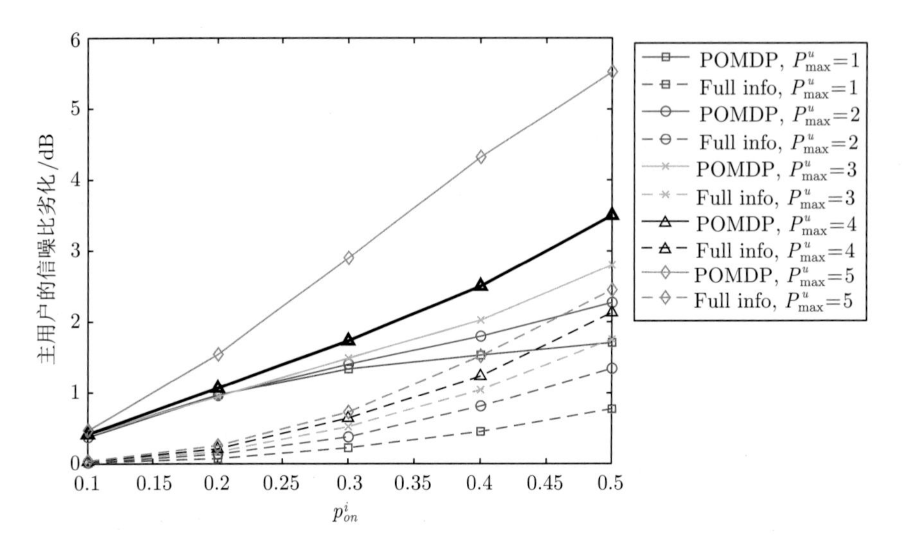

图 2.12 最大允许衬垫式接入功率 $P^u_{\max}$ 影响下主用户的信噪比劣化与信道占用率的关系

$N=5$，$M=L=3$，$\alpha=[15\%, 30\%, 45\%, 60\%, 75\%]$，$P^o_{\max}=20$ W，$\zeta_f=2\%$, $\zeta_m=2\%$

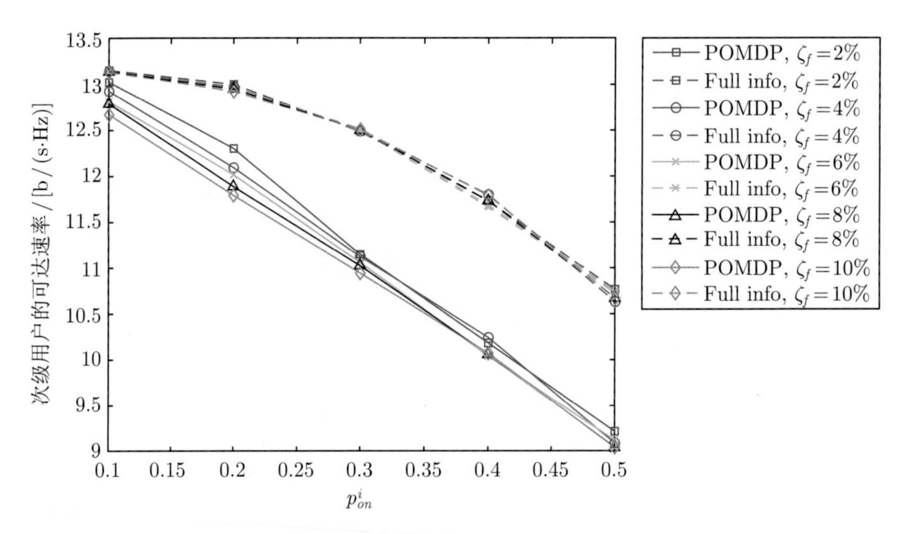

图 2.13 监测虚警率 ζ_f 影响下次级用户的可达速率与信道占用率的关系

$N=5$，$M=L=3$，$\alpha=[15\%, 30\%, 45\%, 60\%, 75\%]$，$P^u_{\max}=2$ W，$P^o_{\max}=20$ W，$\zeta_m=2\%$

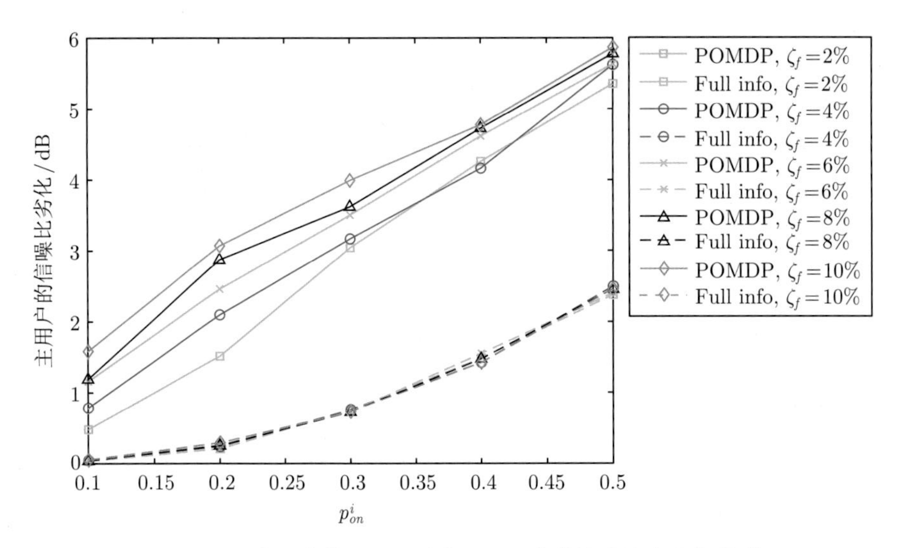

图 2.14　监测虚警率 ζ_f 影响下主用户的信噪比劣化与信道占用率的关系

$N=5$，$M=L=3$，$\alpha=[15\%, 30\%, 45\%, 60\%, 75\%]$，$P_{\max}^{u}=2$ W，$P_{\max}^{o}=20$ W，$\zeta_m=2\%$

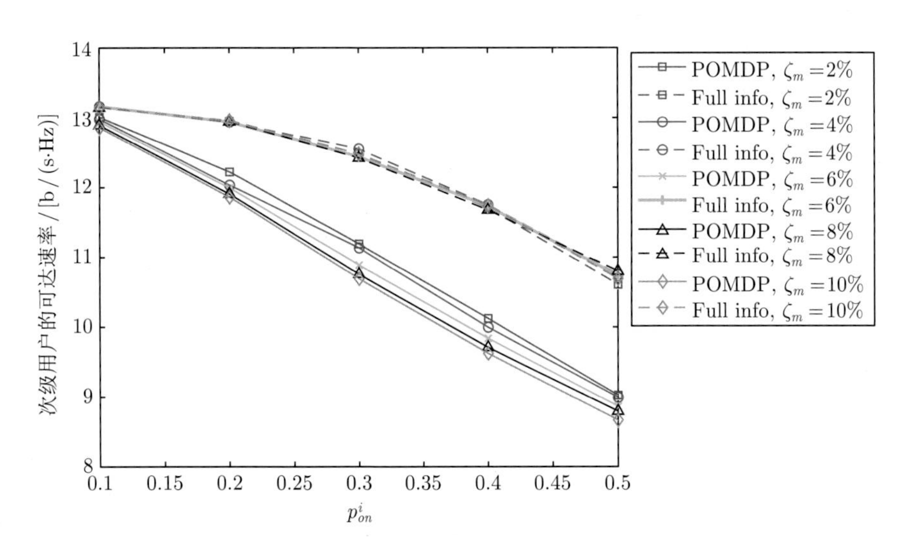

图 2.15　监测漏检率 ζ_m 影响下次级用户的可达速率与信道占用率的关系

$N=5$，$M=L=3$，$\alpha=[15\%, 30\%, 45\%, 60\%, 75\%]$，$P_{\max}^{u}=2$ W，$P_{\max}^{o}=20$ W，$\zeta_f=2\%$

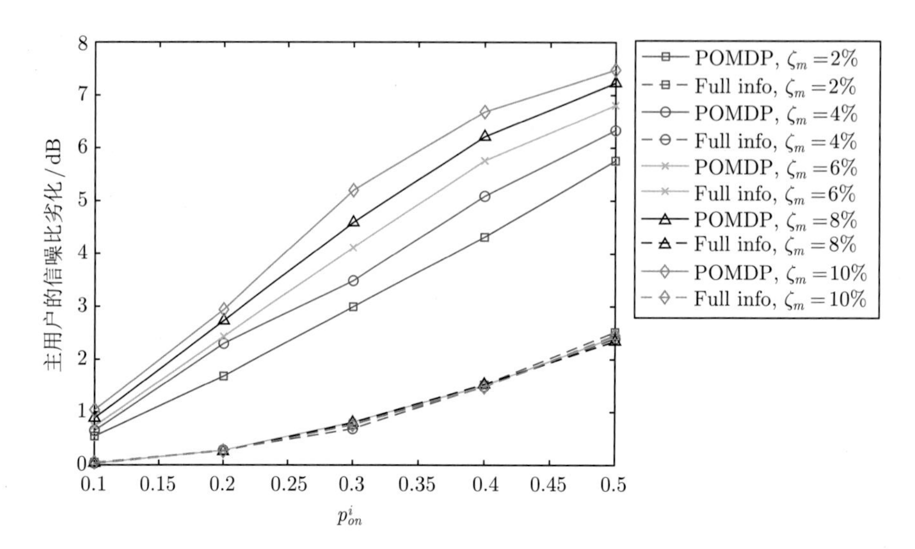

图 2.16 监测漏检率 ζ_m 影响下主用户的信噪比劣化与信道占用率的关系

$N = 5$，$M = L = 3$，$\alpha = [15\%, 30\%, 45\%, 60\%, 75\%]$，$P_{\max}^{u} = 2$ W，$P_{\max}^{o} = 20$ W，$\zeta_f = 2\%$

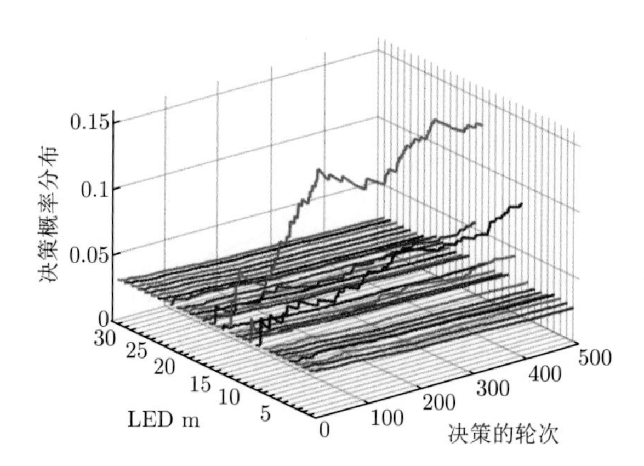

图 4.8 在 EXP3 选择算法下每一个决策轮次的决策概率分布

仿真结果由公式（4-17）计算得到，业务的服务率为 $\varsigma = 0.2$，终端位置固定在（14.5 m, 8.4 m）

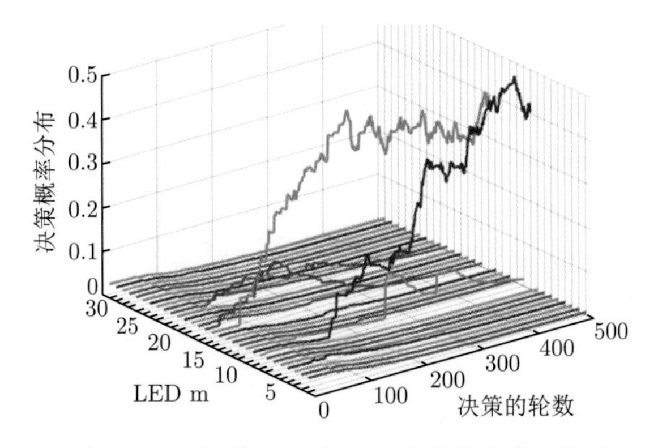

图 4.9　在 ELP 选择算法下每一个决策轮次的决策概率分布

仿真结果由公式（4-23）计算得到，业务的服务率为 $\varsigma = 0.2$，终端位置固定在（14.5 m, 8.4 m）

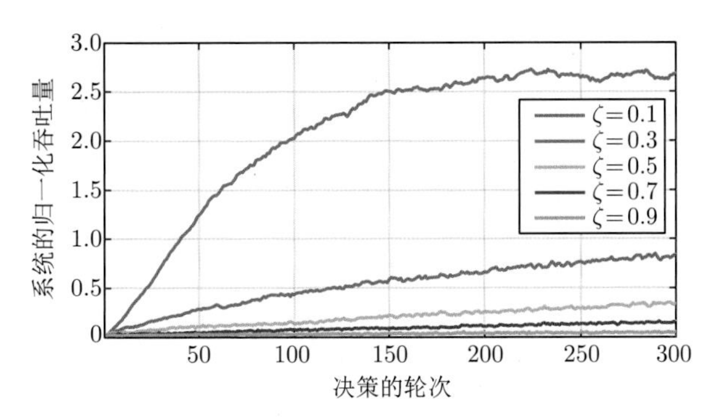

图 4.10　基于 EXP3 选择算法业务的服务率对系统的归一化吞吐量和决策的轮次的关系的影响

仿真结果由公式（4-57）计算得到

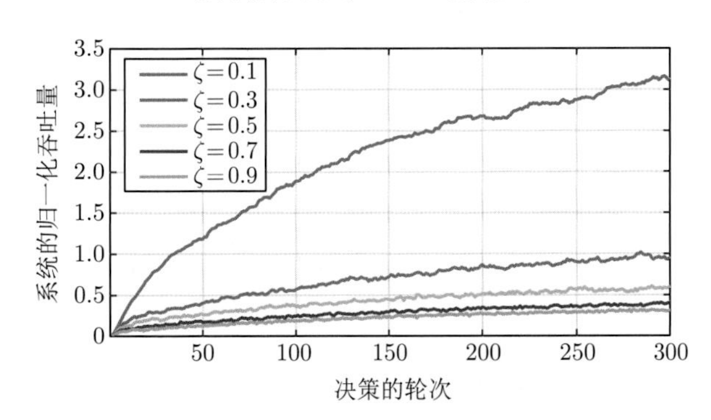

图 4.11　基于 ELP 选择算法业务的服务率对系统的归一化吞吐量和决策的轮次的关系的影响

仿真结果由公式（4-57）计算得到

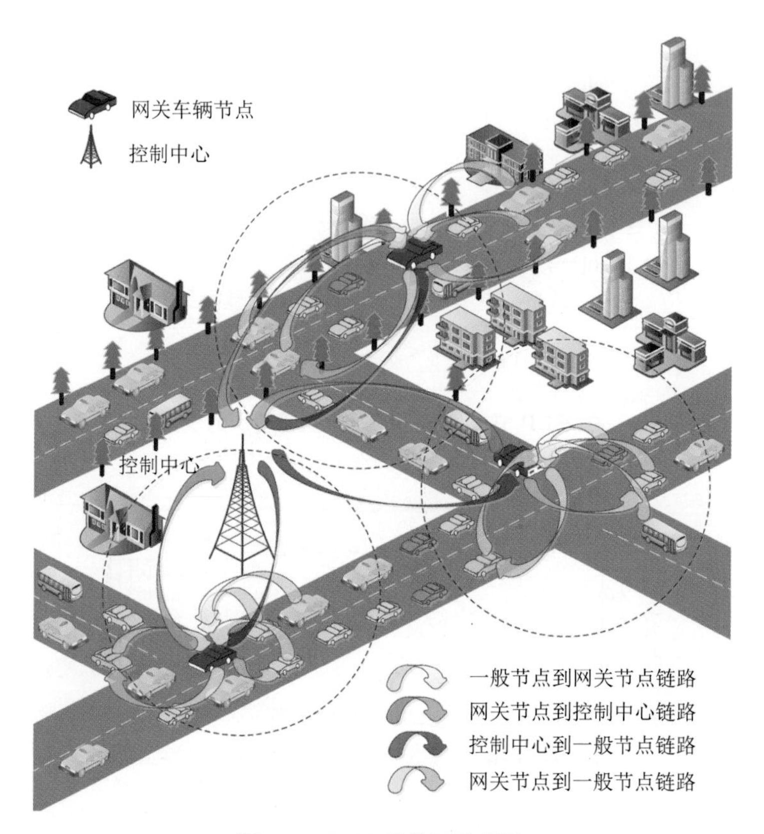

图 5.1　IoV 异构网络场景

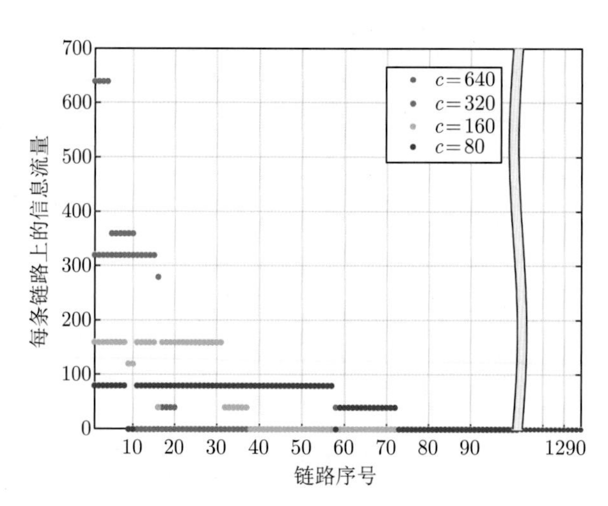

图 5.10　不同链路容量约束条件下每条链路的信息流量

清华大学优秀博士学位论文丛书

异构信息网络协同优化基础理论和应用

王景璟（Wang Jingjing）著

The Theory and Applications of Cooperative Optimization in Heterogeneous Information Networks

清华大学出版社
北 京

内 容 简 介

本书围绕异构信息网络通信组网和资源配置协同优化关键技术及其应用，探讨了异构信息网络中资源、用户、信息之间的相互关联和协同机理；根据作者近几年对这一关键技术所做的工作，提出了基于部分可观测马尔可夫决策的传输资源协同配置、基于迭代优化的空间和通信资源联合优化、基于多臂老虎机决策的用户协同接入和基于复杂网络拓扑特征的信息协同扩散等方法和理论，以期解决异构信息网络中有限空时频资源的优化配置及信息的高效传输和扩散问题。本书所涉及的协同优化方法在通信探测一体化网络、空-天-地一体化网络、光电混合通信网络、车联网等典型异构网络中进行了充分的仿真验证。本书可作为高等院校通信与网络、计算机等专业师生的教学参考用书，也可供信息科学等领域的研究者参考。

图书在版编目（CIP）数据

异构信息网络协同优化基础理论和应用 / 王景璟著.—北京：清华大学出版社，2021.12

（清华大学优秀博士学位论文丛书）

ISBN 978-7-302-58845-0

Ⅰ. ①异…　Ⅱ. ①王…　Ⅲ. ①异构网络-研究　Ⅳ. ①TP393.02

中国版本图书馆 CIP 数据核字（2021）第 156123 号

责任编辑：戚　亚　王　倩
封面设计：傅瑞学
责任校对：王淑云
责任印制：沈　露

出版发行：清华大学出版社
网　　址：http://www.tup.com.cn，http://www.wqbook.com
地　　址：北京清华大学学研大厦 A 座　　**邮　　编：**100084
社 总 机：010-62770175　　**邮　　购：**010-62786544
投稿与读者服务：010-62776969，c-service@tup.tsinghua.edu.cn
质量反馈：010-62772015，zhiliang@tup.tsinghua.edu.cn
印 装 者：三河市东方印刷有限公司
经　　销：全国新华书店
开　　本：155mm×235mm　　**印　张：**11.5　　**插　　页：**4　　**字　　数：**189 千字
版　　次：2021 年 12 月第 1 版　　**印　　次：**2021 年 12 月第 1 次印刷
定　　价：89.00 元

产品编号：088476-01

一流博士生教育
体现一流大学人才培养的高度（代丛书序）[①]

人才培养是大学的根本任务。只有培养出一流人才的高校，才能够成为世界一流大学。本科教育是培养一流人才最重要的基础，是一流大学的底色，体现了学校的传统和特色。博士生教育是学历教育的最高层次，体现出一所大学人才培养的高度，代表着一个国家的人才培养水平。清华大学正在全面推进综合改革，深化教育教学改革，探索建立完善的博士生选拔培养机制，不断提升博士生培养质量。

学术精神的培养是博士生教育的根本

学术精神是大学精神的重要组成部分，是学者与学术群体在学术活动中坚守的价值准则。大学对学术精神的追求，反映了一所大学对学术的重视、对真理的热爱和对功利性目标的摒弃。博士生教育要培养有志于追求学术的人，其根本在于学术精神的培养。

无论古今中外，博士这一称号都和学问、学术紧密联系在一起，和知识探索密切相关。我国的博士一词起源于 2000 多年前的战国时期，是一种学官名。博士任职者负责保管文献档案、编撰著述，须知识渊博并负有传授学问的职责。东汉学者应劭在《汉官仪》中写道：“博者，通博古今；士者，辩于然否。”后来，人们逐渐把精通某种职业的专门人才称为博士。博士作为一种学位，最早产生于 12 世纪，最初它是加入教师行会的一种资格证书。19 世纪初，德国柏林大学成立，其哲学院取代了以往神学院在大学中的地位，在大学发展的历史上首次产生了由哲学院授予的哲学博士学位，并赋予了哲学博士深层次的教育内涵，即推崇学术自由、创造新知识。哲学博士的设立标志着现代博士生教育的开端，博士则被定义为

① 本文首发于《光明日报》，2017 年 12 月 5 日。

独立从事学术研究、具备创造新知识能力的人，是学术精神的传承者和光大者。

博士生学习期间是培养学术精神最重要的阶段。博士生需要接受严谨的学术训练，开展深入的学术研究，并通过发表学术论文、参与学术活动及博士论文答辩等环节，证明自身的学术能力。更重要的是，博士生要培养学术志趣，把对学术的热爱融入生命之中，把捍卫真理作为毕生的追求。博士生更要学会如何面对干扰和诱惑，远离功利，保持安静、从容的心态。学术精神，特别是其中所蕴含的科学理性精神、学术奉献精神，不仅对博士生未来的学术事业至关重要，对博士生一生的发展都大有裨益。

独创性和批判性思维是博士生最重要的素质

博士生需要具备很多素质，包括逻辑推理、言语表达、沟通协作等，但是最重要的素质是独创性和批判性思维。

学术重视传承，但更看重突破和创新。博士生作为学术事业的后备力量，要立志于追求独创性。独创意味着独立和创造，没有独立精神，往往很难产生创造性的成果。1929 年 6 月 3 日，在清华大学国学院导师王国维逝世二周年之际，国学院师生为纪念这位杰出的学者，募款修造“海宁王静安先生纪念碑”，同为国学院导师的陈寅恪先生撰写了碑铭，其中写道:“先生之著述，或有时而不章；先生之学说，或有时而可商；惟此独立之精神，自由之思想，历千万祀，与天壤而同久，共三光而永光。”这是对于一位学者的极高评价。中国著名的史学家、文学家司马迁所讲的“究天人之际，通古今之变，成一家之言”也是强调要在古今贯通中形成自己独立的见解，并努力达到新的高度。博士生应该以“独立之精神、自由之思想”来要求自己，不断创造新的学术成果。

诺贝尔物理学奖获得者杨振宁先生曾在 20 世纪 80 年代初对到访纽约州立大学石溪分校的 90 多名中国学生、学者提出:“独创性是科学工作者最重要的素质。”杨先生主张做研究的人一定要有独创的精神、独到的见解和独立研究的能力。在科技如此发达的今天，学术上的独创性变得越来越难，也愈加珍贵和重要。博士生要树立敢为天下先的志向，在独创性上下功夫，勇于挑战最前沿的科学问题。

批判性思维是一种遵循逻辑规则、不断质疑和反省的思维方式，具有批判性思维的人勇于挑战自己，敢于挑战权威。批判性思维的缺乏往往被认为是中国学生特有的弱项，也是我们在博士生培养方面存在的一个普遍问题。2001 年，美国卡内基基金会开展了一项“卡内基博士生教育创新计划”，针对博士生教育进行调研，并发布了研究报告。该报告指出：在美国和欧洲，培养学生保持批判而质疑的眼光看待自己、同行和导师的观点同样非常不容易，批判性思维的培养必须成为博士生培养项目的组成部分。

对于博士生而言，批判性思维的养成要从如何面对权威开始。为了鼓励学生质疑学术权威、挑战现有学术范式，培养学生的挑战精神和创新能力，清华大学在 2013 年发起“巅峰对话”，由学生自主邀请各学科领域具有国际影响力的学术大师与清华学生同台对话。该活动迄今已经举办了 21 期，先后邀请 17 位诺贝尔奖、3 位图灵奖、1 位菲尔兹奖获得者参与对话。诺贝尔化学奖得主巴里·夏普莱斯（Barry Sharpless）在 2013 年 11 月来清华参加“巅峰对话”时，对于清华学生的质疑精神印象深刻。他在接受媒体采访时谈道：“清华的学生无所畏惧，请原谅我的措辞，但他们真的很有胆量。”这是我听到的对清华学生的最高评价，博士生就应该具备这样的勇气和能力。培养批判性思维更难的一层是要有勇气不断否定自己，有一种不断超越自己的精神。爱因斯坦说：“在真理的认识方面，任何以权威自居的人，必将在上帝的嬉笑中垮台。”这句名言应该成为每一位从事学术研究的博士生的箴言。

提高博士生培养质量有赖于构建全方位的博士生教育体系

一流的博士生教育要有一流的教育理念，需要构建全方位的教育体系，把教育理念落实到博士生培养的各个环节中。

在博士生选拔方面，不能简单按考分录取，而是要侧重评价学术志趣和创新潜力。知识结构固然重要，但学术志趣和创新潜力更关键，考分不能完全反映学生的学术潜质。清华大学在经过多年试点探索的基础上，于 2016 年开始全面实行博士生招生“申请–审核”制，从原来的按照考试分数招收博士生，转变为按科研创新能力、专业学术潜质招收，并给予院系、学科、导师更大的自主权。《清华大学“申请–审核”制实施办法》明晰了导师和院系在考核、遴选和推荐上的权力和职责，同时确定了规范的流程及监管要求。

在博士生指导教师资格确认方面，不能论资排辈，要更看重教师的学术活力及研究工作的前沿性。博士生教育质量的提升关键在于教师，要让更多、更优秀的教师参与到博士生教育中来。清华大学从 2009 年开始探索将博士生导师评定权下放到各学位评定分委员会，允许评聘一部分优秀副教授担任博士生导师。近年来，学校在推进教师人事制度改革过程中，明确教研系列助理教授可以独立指导博士生，让富有创造活力的青年教师指导优秀的青年学生，师生相互促进、共同成长。

在促进博士生交流方面，要努力突破学科领域的界限，注重搭建跨学科的平台。跨学科交流是激发博士生学术创造力的重要途径，博士生要努力提升在交叉学科领域开展科研工作的能力。清华大学于 2014 年创办了“微沙龙”平台，同学们可以通过微信平台随时发布学术话题，寻觅学术伙伴。3 年来，博士生参与和发起“微沙龙”12 000 多场，参与博士生达 38 000 多人次。“微沙龙”促进了不同学科学生之间的思想碰撞，激发了同学们的学术志趣。清华于 2002 年创办了博士生论坛，论坛由同学自己组织，师生共同参与。博士生论坛持续举办了 500 期，开展了 18 000 多场学术报告，切实起到了师生互动、教学相长、学科交融、促进交流的作用。学校积极资助博士生到世界一流大学开展交流与合作研究，超过 60% 的博士生有海外访学经历。清华于 2011 年设立了发展中国家博士生项目，鼓励学生到发展中国家亲身体验和调研，在全球化背景下研究发展中国家的各类问题。

在博士学位评定方面，权力要进一步下放，学术判断应该由各领域的学者来负责。院系二级学术单位应该在评定博士论文水平上拥有更多的权力，也应担负更多的责任。清华大学从 2015 年开始把学位论文的评审职责授权给各学位评定分委员会，学位论文质量和学位评审过程主要由各学位分委员会进行把关，校学位委员会负责学位管理整体工作，负责制度建设和争议事项处理。

全面提高人才培养能力是建设世界一流大学的核心。博士生培养质量的提升是大学办学质量提升的重要标志。我们要高度重视、充分发挥博士生教育的战略性、引领性作用，面向世界、勇于进取，树立自信、保持特色，不断推动一流大学的人才培养迈向新的高度。

邱勇

清华大学校长

2017 年 12 月 5 日

丛书序二

以学术型人才培养为主的博士生教育，肩负着培养具有国际竞争力的高层次学术创新人才的重任，是国家发展战略的重要组成部分，是清华大学人才培养的重中之重。

作为首批设立研究生院的高校，清华大学自20世纪80年代初开始，立足国家和社会需要，结合校内实际情况，不断推动博士生教育改革。为了提供适宜博士生成长的学术环境，我校一方面不断地营造浓厚的学术氛围，一方面大力推动培养模式创新探索。我校从多年前就已开始运行一系列博士生培养专项基金和特色项目，激励博士生潜心学术、锐意创新，拓宽博士生的国际视野，倡导跨学科研究与交流，不断提升博士生培养质量。

博士生是最具创造力的学术研究新生力量，思维活跃，求真求实。他们在导师的指导下进入本领域研究前沿，吸取本领域最新的研究成果，拓宽人类的认知边界，不断取得创新性成果。这套优秀博士学位论文丛书，不仅是我校博士生研究工作前沿成果的体现，也是我校博士生学术精神传承和光大的体现。

这套丛书的每一篇论文均来自学校新近每年评选的校级优秀博士学位论文。为了鼓励创新，激励优秀的博士生脱颖而出，同时激励导师悉心指导，我校评选校级优秀博士学位论文已有20多年。评选出的优秀博士学位论文代表了我校各学科最优秀的博士学位论文的水平。为了传播优秀的博士学位论文成果，更好地推动学术交流与学科建设，促进博士生未来发展和成长，清华大学研究生院与清华大学出版社合作出版这些优秀的博士学位论文。

感谢清华大学出版社，悉心地为每位作者提供专业、细致的写作和出版指导，使这些博士论文以专著方式呈现在读者面前，促进了这些最新的优秀研究成果的快速广泛传播。相信本套丛书的出版可以为国内外各相关领域或交叉领域的在读研究生和科研人员提供有益的参考，为相关学科领域的发展和优秀科研成果的转化起到积极的推动作用。

感谢丛书作者的导师们。这些优秀的博士学位论文，从选题、研究到成文，离不开导师的精心指导。我校优秀的师生导学传统，成就了一项项优秀的研究成果，成就了一大批青年学者，也成就了清华的学术研究。感谢导师们为每篇论文精心撰写序言，帮助读者更好地理解论文。

感谢丛书的作者们。他们优秀的学术成果，连同鲜活的思想、创新的精神、严谨的学风，都为致力于学术研究的后来者树立了榜样。他们本着精益求精的精神，对论文进行了细致的修改完善，使之在具备科学性、前沿性的同时，更具系统性和可读性。

这套丛书涵盖清华众多学科，从论文的选题能够感受到作者们积极参与国家重大战略、社会发展问题、新兴产业创新等的研究热情，能够感受到作者们的国际视野和人文情怀。相信这些年轻作者们勇于承担学术创新重任的社会责任感能够感染和带动越来越多的博士生，将论文书写在祖国的大地上。

祝愿丛书的作者们、读者们和所有从事学术研究的同行们在未来的道路上坚持梦想，百折不挠！在服务国家、奉献社会和造福人类的事业中不断创新，做新时代的引领者。

相信每一位读者在阅读这一本本学术著作的时候，在吸取学术创新成果、享受学术之美的同时，能够将其中所蕴含的科学理性精神和学术奉献精神传播和发扬出去。

清华大学研究生院院长

2018 年 1 月 5 日

导师序言

本书研究了异构信息网络中资源、用户、信息之间的相互关联和协同机理，及其影响网络整体性能的定性定量关系，打破了传统的“从网络到信息”的研究思路，以网络与资源、用户、信息的协同优化为主线，以提升未来网络整体信息支撑能力为核心，兼顾了网络与环境、用户、业务的同步演进，是探索未来网络变革式发展的原始创新理论与方法，研究内容既具有理论意义，也具有实用价值。

本书针对异构网络资源协同配置问题，提出了基于部分可观测马尔可夫决策的认知异构网络传输资源协同配置机制以及基于迭代优化的空时频资源协同配置策略，提高了系统的频谱效率，保证了用户的服务质量和体验；针对异构信息网络中用户的协同接入问题，提出了基于多臂老虎机决策的用户协同接入方法，充分考虑接入点部署拓扑结构和近邻信息交互的影响，有效减少了用户相互干扰、提高了网络吞吐量；针对复杂异构网络信息协同扩散问题，探索了拓扑特性与网络中信息传输的协同关联机制，提出了基于复杂系统理论的信息获取与扩散机制，提高了网络信息传输效率。

本书作者所在课题组暨清华大学电子工程系复杂工程系统实验室主要研究方向为信息网络与复杂系统相关科学问题和工程应用，主要涉及网络化信息系统中的移动性、认知协同、数据融合、信息共享、系统行为和应用感知等诸多方面。课题组相继承担了科技部重点研发计划、国家自然科学基金、大企业基金、原“863”、原“973”、军口、国际合作、企业合作等科研项目 50 余项。复杂工程系统实验室现有教师 10 人，其中教授 3 人，具有博士学位者 8 人，在读博士、硕士研究生 40 余人。

本书作者王景璟博士现为北京航空航天大学网络空间安全学院副教

授，曾在清华大学电子工程系从事博士后研究并担任助理研究员，曾入选清华大学“水木学者”计划，研究方向为异构信息网络中资源协同优化和下一代人工智能网络和系统的基础理论和应用。王景璟博士科研态度认真，工作刻苦努力，对专业知识学习、理解和运用的能力强，具有较强的组织、沟通和执行能力。目前，主持国家自然科学基金面上项目 1 项、中国博士后科学基金特别资助项目 1 项，出版专著 2 部，在国内外高水平期刊、会议发表学术论文 80 余篇，获得授权发明专利 20 余项，先后获得 IEEE 国际通信大会最佳论文奖、IEEE 绿色通信与计算技术委员会最佳期刊论文奖、国际无线通信和移动计算大会最佳论文奖、国家自然科学基金委员会“空间信息网络”论坛最佳论文奖、2018 吴文俊人工智能技术发明一等奖、北京市优秀毕业生、清华大学优秀博士学位论文等奖励或荣誉。本书精选了王景璟博士在异构信息网络高效组网和资源优化配置领域取得的部分阶段性成果，希望能够给相关领域的研究带来一定的启示作用。

任 勇

2021 年 9 月 10 日于清华园

摘 要

下一代信息网络呈现异构性、无中心、大数据、强耦合、自组织的特点。同时，用户又期待下一代信息网络能够提供低成本、高速率、低延时、高可靠性的信息服务。现有的信息网络体系还存在不同网络不兼容、网络结构与业务不匹配、网络资源调度不合理等问题，本质原因在于信息的获取、传输和处理难以简单分割，网络与用户的动态和关联容易忽略。本书围绕异构信息网络协同优化展开讨论，重点研究了异构信息网络中网络与资源、网络与用户、网络与信息之间的关联和协同机制，目的是实现异构信息网络高效组网接入、资源优化配置和信息互联互通。

针对异构信息网络资源协同配置问题，面向探测-通信协作异构网络，本书提出基于认知学习的资源协同配置策略，建立优化机制，给出低复杂度的求解算法。仿真结果表明，该机制得到的通信用户可达速率、雷达用户的信噪比劣化均接近基于完全信息决策时的最优解。面向无人机增强的空天地跨域信息网络，本书提出了基于位置和功率联合优化的资源协同配置策略。仿真结果表明，相比于传统的随机资源配置机制，该机制下系统的频谱效率在严格约束条件下提高了一倍以上。

针对异构信息网络用户协同接入问题，面向 Li-Fi/Wi-Fi 室内异构网络，本书提出了基于多臂老虎机决策的用户协同接入算法，设计了基于接入点部署拓扑结构和近邻信息交互的用户接入策略，推导了系统吞吐量的理论上界。仿真结果表明，所提出的异构网络用户协同接入策略可以减少用户之间的干扰，相比于传统不考虑接入点拓扑结构和近邻信息交换的接入机制，用户得到的链路吞吐量提高了 20%。

针对异构信息网络的协同扩散问题，面向车联异构网络，本书提出空间复杂特性时不变的无向加权图模型，定义了节点和链路的权重，提出了基于复杂拓扑特性的信息收集与协同扩散机制。仿真结果表明，该协同机制下的网关节点选择方法和负载路径分配策略可以最大化整个网络的容量，提高信息的传输效率。

异构信息网络协同优化理论和应用的研究打破了传统的“从网络到信息”思路，该研究以网络与资源、用户和信息的协同优化为主线，以提升未来网络整体信息支撑能力为核心，兼顾了网络与环境、用户、业务的同步演进，有望成为探索未来无线网络变革式发展的重要理论与方法。

关键词：异构信息网络；资源协同配置；用户协同接入；信息协同扩散

Abstract

The next generation wireless networks are characterized by heterogeneity, noncentrality, big data, strong coupling as well as self-organization, while they can also provide low-cost, high-rate, low-latency and high-reliable information services. In the traditional information network architecture, different networks cannot be compatible, and the network structure does not match with the diverse traffic. Moreover, network resources are not well optimized. That is because the relevance between networks and users, as well as their dynamics is neglected and the integrated process of information acquisition, transmission and analysis is difficult to be separated. In this book, we focus our attention on the cooperative optimization theory for heterogeneous information networks including its application in resource allocation, user access and information diffusion for the sake of supporting efficient resource utilization and user connections.

For the problem of cooperative resource allocation, this book proposes cognitive learning aided network association mechanism for the radar and communication hybrid network relying on a POMDP based optimization model. Moreover, a low computational complexity algorithm is provided. Simulation results show that the performance of both the communication user's achievable rate as well as radio user's SNR degradation of the proposed mechanism approaches to that of full-information based decision making. Furthermore, this book proposes a joint drone's hovering altitude and power control assisted network association mechanism for the space-air-ground hybrid network. Simulation results show that the proposed scheme can achieve a double spectrum efficiency performance than that of random resource allocation.

For the problem of cooperative user access, this book proposes a multi-armed bandit aided user association scheme considering both the neighbor information interaction and the topology of access points. Moreover, the theoretical upper bound of the system's throughput is highlighted. Simulation results show that the proposed cooperative access strategy beneficially improves the user's throughput by 20% in comparison to traditional user association schemes.

For the problem of cooperative information diffusion, this book constructs a time-invariant undirected weighted graph model for the Internet-of-vehicle network. Relying on defined link's and node's weight, this book proposes a cooperative information collection and diffusion scheme including a gateway node selection algorithm and a load path balancing strategy. Simulation results demonstrate that the proposed scheme substantially improve the network's capacity and information diffusion efficiency.

The theory and applications of cooperative optimization create a new idea for studying future networks by collaboratively combining the network with resources, users and information for the sake of improving the network's information service capability. Indeed, considering the synchronous evolution and the interaction effect among networks, users, resources and information, cooperative optimization theory is a critical tool for exploring and exploiting future heterogeneous information networks.

Key Words: heterogeneous information networks; cooperative resource allocation; cooperative user access; cooperative information diffusion

主要符号对照表

AMBS	空中移动基站 (aerial mobile base station)
CCP	凹-凸过程 (concave-convex procedure)
CR	认知无线电 (cognitive radio)
C-RAN	云接入网络 (cloud-radio access network)
C-S	主从式网络 (client-server)
CSI	信道状态信息 (channel state information)
D2D	设备到设备 (device-to-device)
DPD	决策概率分布 (decision probability distribution)
FSO	自由空间光 (free-space optical)
HetNet	异构蜂窝网络 (heterogeneous network)
IoT	物联网 (Internet of things)
IoV	车联网 (Internet of vehicles)
LOS	视距通信 (line of sight)
MDP	马尔可夫决策过程 (Markov decision process)
mMTC	海量机器类通信 (massive machine type of communication)
P2P	对等网络 (peer-to-peer)
POMDP	部分可观测马尔可夫决策过程 (partially observable Markov decision process)
QoE	用户体验质量 (quality of experience)
QoS	用户服务质量 (quality of service)
SDN	软件定义网络 (software-defined network)
SINR	信号噪声干扰比 (signal-to-interference-plus-noise ratio)

SNR	信噪比 (signal-to-noise-ratio)
UAV	无人机 (unmanned aerial vehicle)
VLC	可见光通信 (visible light communication)
WANET	无线自组织网络 (wireless ad hoc network)
WLAN	无线局域网 (wireless local area network)
WMAN	无线城域网 (wireless metropolitan area network)
WPAN	无线个域网 (wireless personal area network)
WSN	无线传感器网 (wireless sensor network)
WWAN	无线广域网 (wireless wide area network)

目录

第 1 章　绪　论

1.1　研究背景

迄今为止，信息网络在军事作战、智能交通、智慧医疗等众多领域都起到了举足轻重的支撑作用。由于网络中的业务越来越多样化，单一功能的网络难以满足越来越复杂的应用需求，这就需要多个单一功能的网络协同工作、共享资源。随着便携式、智能化网络终端设备的普及以及用户对信息服务质量（quality of service，QoS）和体验质量（quality of experience，QoE）的要求越来越高，下一代无线异构信息网络能够提供低成本、高速率、低延时、高可靠性的信息服务，能够支撑更广泛和先进的应用场景[1]。然而，现有的信息网络体系中不同网络不兼容、网络结构与业务不匹配、网络间资源调度不合理，因此开展异构信息网络的协同与优化理论的研究有必要且迫在眉睫[2-4]。本书研究了异构信息网络**资源协同配置**、**用户协同接入**以及**信息协同扩散**三个核心问题，实现异构信息网络**高效组网接入**、**资源优化配置**、**信息互联互通**的目标。

1.1.1　无线网络的起源与发展

正如“无线信息网络”的名字所指，无线信息网络的本质是通过电磁波连接各类网络节点，实现节点之间的信息传递与交互。根据无线信息网络的覆盖范围，可以将无线信息网络分为四类[5-7]，无线个域网络（wireless personal area network，WPAN）[8]、无线局域网络（wireless local area network，WLAN）[9]、无线城域网络（wireless metropolitan area network，WMAN）[10]、无线广域网络（wireless wide area network，WWAN）[11]。相应地，美国电气和电子工程师协会（Institute of Electrical and Electronics

Engineers，IEEE）的 802 工作组已经制定了一系列覆盖大部分物理层规范的网络标准及其变体，例如面向 WPAN 的 IEEE 802.15 协议族、面向 WLAN 的 IEEE 802.11 协议族、面向 WMAN 的 IEEE 802.16 协议族、面向 WWAN 的 IEEE 802.20 协议族。根据无线信息网络的功能特性来看，无线信息网络的一些典型代表包括：无线蜂窝网络（cellular network）[12]、无线传感网络（wireless sensor network，WSN）[13]、无线自组织网络（wireless ad hoc network，WANET）[14]、无线体域网络（wireless body area network，WBAN）[15]。

美国夏威夷大学于 1969 年开发了世界上第一个无线信息网络 ALOHANET，并于 1971 年投入使用。ALOHANET 的成功标志着第一次通过无线信息网络传输数据包[16]。1986 年，美国 NCR 公司开发了世界上第一个商用的无线信息网络 WaveLAN。1997 年，第一个面向无线局域网络的协议 IEEE 802.11 被制定出来。随后，在 20 世纪末出现的低成本 Wi-Fi 网络标志着无线信息网络技术的成熟，它可以为一系列兼容 Wi-Fi 的便携式终端，包括个人计算机、智能手机等提供互联网接入服务。下一代无线信息网络朝着为用户提供全覆盖、高速率、低延迟、低成本、高可靠性的信息服务的方向发展。相比于早期的无线网络提供人与人、人与设备的互联，下一代无线信息网络将带来真正意义上的万物互联（Internet of everything）。图 1.1 展示了无线信息网络的起源和发展过程，并标记了具有里程碑意义的时间点。

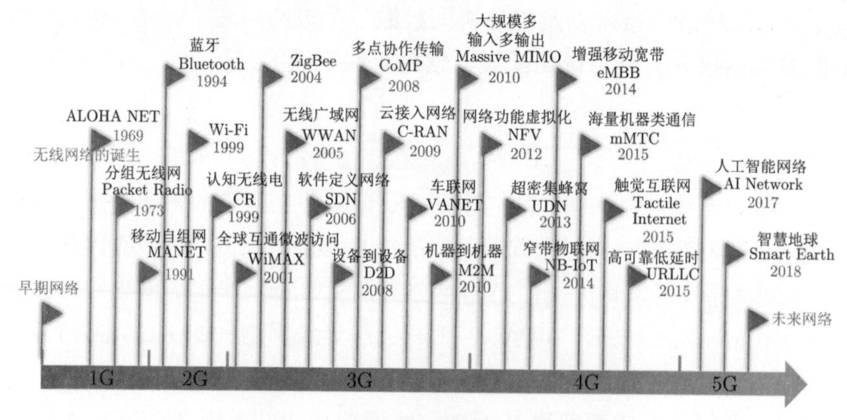

图 1.1 无线信息网络的起源和里程碑

回顾无线信息网络的历程，可以看出无线信息网络在网络结构和功能上朝着从单一功能的简单网络向功能集成的异构网络的方向发展；在网络服务模式上朝着从简单的主从式网络（client-server，C-S）向自组织对等网络（peer-to-peer，P2P）发展。网络架构的异构化、网络功能的集成化和网络节点的自主化为网络协议设计提供了更多的自由度，但同时也需要更复杂的新型技术来支持高效和可靠的实现。此外，网络中的业务类型和数据量的飞速增长促进了下一代无线异构信息网络的自组织、自适应和自学习能力。

1.1.2 下一代异构信息网络核心技术

1.1.1 节简单介绍了无线网络的发展，可以看出，**下一代信息网络在组成和结构上的核心词是“异构”，在功能和控制上的核心词是“协同”**。随着网络规模的不断扩大，业务种类的不断多元化以及用户需求的不断增加，如何提供高速率、低延时、超可靠的廉价信息服务是下一代异构信息网络面临的关键问题。现有的信息技术已经难以支撑日益扩大的网络规模，同时也难以满足人们日益增长的需求，下一代异构信息网络需要在各个层面的技术上进行改进和创新[17-18]。本节将介绍相关核心概念和技术的发展和革新。

（1）**从 MIMO 到大规模 MIMO**：相对于单输入单输出（single input single output，SISO）无线通信系统而言，多输入多输出无线通信系统（multiple input multiple output，MIMO）在提高信道的利用率和系统吞吐量方面有巨大的突破[19]。其中单用户 MIMO（single-user MIMO，SU-MIMO）指的是发射机将多个数据流发送给单个用户；而多用户 MIMO（multi-user MIMO，MU-MIMO）指的是发射机在同一信道资源上同时为多个用户服务[20]。尽管使用更多的天线可以提高数据率以及链路的稳定性，但是，信道估计过程中的计算复杂度，以及不准确的信道状态信息（channel state information，CSI）导致的系统性能下降成为大规模 MIMO（massive MIMO）系统新的挑战[21-22]。

（2）**从机器间通信到物联网**：设备到设备（device-to-device, D2D）通信的核心思想是不需要经过基站或核心网就可以在附近移动设备之间实现信息的交互，D2D 通信被认为是迈向自组织和 P2P 协作的重要里程碑[23]。在 D2D 通信网络中，相同的资源既可以被 D2D 通信链路利用，也可以被蜂窝网链路利用，大大提高了网络的容量。此外，D2D 通信技术还可以提高能量利用效率、减少传输延迟以及提高网络的公平性 [24-25]。作为 D2D 通信网络的延伸，海量机器类通信（massive machine type of communication，mMTC）网络具有支持大规模机器类节点的传感、传输、融合处理的能力。1999 年，物联网（internet of things，IoT）首次被定义为使对象能够相互连接和交换数据的网络[26]，它的目标是“连接一切”。此外，物联网允许远程感知和操控对象，为物理世界和基于计算机的虚拟世界之间构建了信息交互的渠道。尽管物联网面临可靠性和安全性的挑战，但毫无疑问它将使我们的世界变得更加便捷化和智能化 [27-28]。

（3）**从超密集蜂窝到异构蜂窝**：超密集蜂窝（ultra dense network，UDN）可以支持海量数据流量的需求。在该架构中，基站或者热点的密度可能达到甚至超过用户的密度 [29-30]。UDN 架构能够在增加网络容量的同时改善用户服务体验[31]。但是，由于基站和热点的密集部署，UDN 中的相互干扰和波动性往往比传统蜂窝网络中更加严重，需要协同考虑资源配置、干扰管理和负载均衡[12,32]。在更广域的网络中，异构蜂窝网络（heterogeneous network，HetNet）结合了多种类型的无线电接入技术（radio access technology，RAT），包括宏蜂窝（macrocell）、微蜂窝（microcell）、微微蜂窝（picocell）和家庭基站（femtocell），支持从室外环境到办公大楼甚至地下区域的无缝信息覆盖[33]。同时，针对不均匀分布的用户，HetNet 还有助于实现负载均衡 [34-35]。

（4）**从分布式基站到云接入网络**：与传统的集中式基站相比，分布式基站（distributed base station，DBS）通过光纤连接在物理距离上将基带处理单元（base band unit，BBU）和射频拉远单元（radio remote unit，RRU）分开。DBS 可以实现更灵活的网络规划和部署，同时可以改善网络边缘用户的 QoE。云接入网络（cloud-radio access network，C-RAN）是一个基于云计算辅助下的无线接入网络架构，它将多个 BBU 集中到一个 BBU 资源池中 [36-37]。通过集中式分析和处理，将资源按需动态分配给每个用户，极大地提高了系统频谱效率和负载均衡能力，同时降低了系统的运行和维护成本 [38-39]。

（5）**从能量获取到能量意识**：能量获取（energy harvesting，EH）为低功耗的无线网络终端捕获和存储来自环境中的能量，例如太阳能、热能、风能等，是一种环境友好型的能量收集过程[40]。能源的消耗过程与网络性能和它的整个生命周期息息相关，能量的需要在两者之间不断地进行权衡。不仅仅是基于绿色的 EH，在网络的设计和管理的每个阶段都需要能量意识（energy awareness，EA），以在相互冲突的目标之间取得平衡，在降低能耗的同时，尽可能提高系统的性能、延长它的生命周期[41-43]。

（6）**从认知无线电到认知网络**：认知无线电（cognitive radio，CR）是一种动态高效利用无线频谱资源的技术，它依靠频谱感知实现动态频谱接入和频谱共享[44]。具体地说，首先次级用户（secondary user，SU）检测频谱空洞，随后以最优的功率接入对应信道以最大化网络容量，同时满足主用户（primary user，PU）的干扰约束。CR 的优点是可以动态灵活地利用稀缺的无线频谱资源，提高频谱利用效率[45]。然而，CR 只是面向物理层的频谱感知和数据链路层的接入控制，认知网络（cognitive network，CogNet）通过对整个网络的感知监测，利用先验知识和反馈信息，实现端到端的跨层认知[46]。网络的认知能力依赖于一系列先进的技术，例如知识表示和机器学习，它们通过利用网络运行所生成的丰富信息进行智能决策，进而提高了网络管理能力和资源配置效率[47]。

（7）**从软件定义到网络功能虚拟**：软件定义网络（software-defined network，SDN）采用可编程的网络架构，实现网络的动态配置和监控[48-49]。SDN 的理念是将网络的控制平面与数据平面解耦，分离网络的控制功能及信息转发功能。这两个平面可以借助 OpenFlow 协议进行通信。同时，SDN 可以将分散的网络资源集中起来，并通过一个“网络管道”与分散的用户进行连接[50-51]。网络功能虚拟化（network function virtualization，NFV）基于 IT 虚拟化技术构建不同的功能模块，将网络的功能从特定的硬件块中分离出来[52]。NFV 可以看作 SDN 架构中应用层里的一种与硬件无关的设计[53]，适用于业务的多样化，促进了网络设备的标准化。

图 1.2 总结了上述下一代异构信息网络核心概念和技术的发展趋势，随着网络架构、设备、技术和解决方案的不断成熟，下一代异构信息网络将面临更多的发展机遇和挑战。

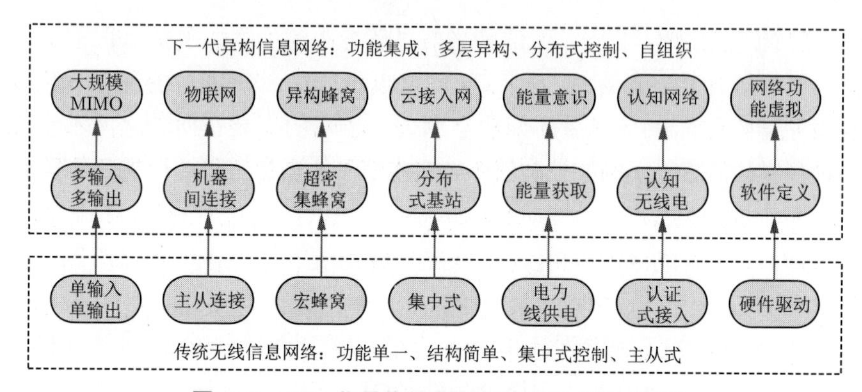

图 1.2　下一代异构信息网络核心技术发展趋势

1.1.3　异构信息网络的协同与优化

基于 1.1.1 节和 1.1.2 节介绍的无线信息网络的发展趋势以及下一代异构信息网络相关的核心技术，在图 1.3 中给出了下一代无线异构信息网络的示意图。总体来看，下一代无线异构信息网络具有如下几个特点：

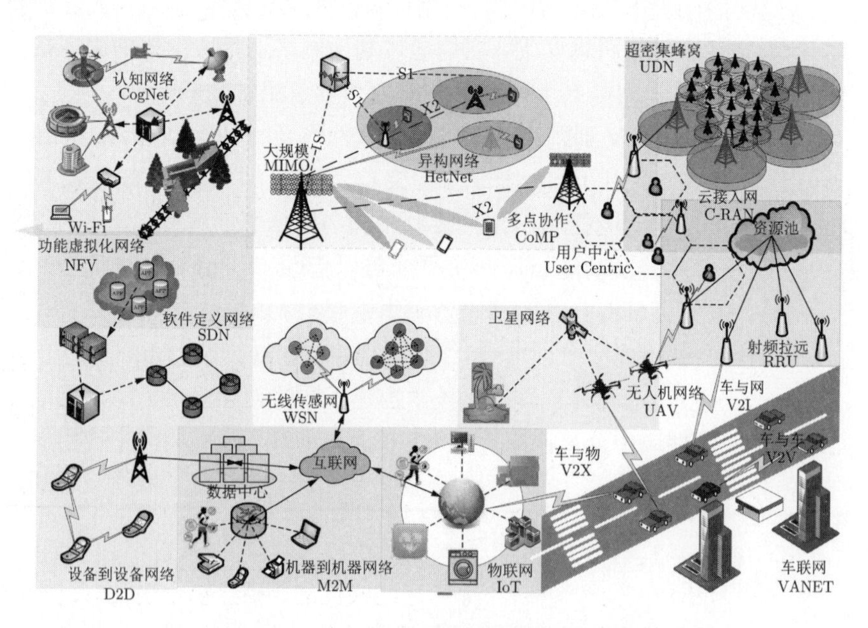

图 1.3　下一代无线异构信息网络示意图

（1）**网络规模**：下一代无线异构信息网络具有巨大的网络规模，包括众多异质的网络实体节点和虚拟节点。每一个网络节点具有不同的服务能力或者服务质量要求。这些实体节点和虚拟节点之间的信息交互使得网络中存在多种多样的信息流，例如控制信令、文本信息、语音信息、视频信息等。

（2）**网络结构**：下一代无线异构信息网络内部元素趋向于对等，不同网络节点基于自身的自学习和自适应能力，彼此协作完成相关任务。另外，从外部来看下一代无线异构信息网络是一个分层的异构网络，具有多样化的网络切片。这些网络切片在控制中心的控制下，共享网络的物理基础设施和资源，完成不同逻辑的任务。与此同时，网络中节点的移动性导致了下一代异构网络具有复杂的时变拓扑特性，需要动态的时空关联机制。

（3）**网络控制**：考虑到下一代无线异构网络的大规模、多层次、高动态等特性，基于软件定义的网络管理和控制机制能够提高网络的灵活性和效率。同时，网络与环境之间、网络与网络之间、网络与用户之间、网络与信息之间不再分立，彼此之间良好的协同和优化机制能够保证合理的网络资源配置、高效的用户接入和可靠的信息传输。

鉴于上述特点，可以看出：下一代异构信息网络中不同的网络运行状态差异大、网络的应用需求不一、网络拓扑高动态时变。此外，不同的网络具有不同的组成结构、信道特征、资源调度机制、用户 QoS 要求等特点，所以要想实现网络结构和业务自适应、网络资源调度最优化、网络效用最大化、用户 QoS 有可靠保障，亟须解决网络拓扑的高效重构、资源的优化配置、网络功能的可靠集成等问题[54-58]。传统的针对单一系统、单一网络的优化方法不适用于异构化、多样化、泛在化的下一代无线信息网络，多网络之间的协同优化机制能够有序地整合网络之间分离的资源和单一网络的局部优势，异构网络协同优化的最终效果是整个异构网络所体现出的效能优于各子网络的效能之和，也就是系统理论里所强调的整体大于部分之和，即“$1 + 1 > 2$”。

异构信息网络的协同优化中“协同”和“优化”两个词的含义不同，但是它们的关联紧密。“协同”是在概念和技术创新的基础上对不同网络之间、网络和用户之间、网络与信息之间共性的、相互耦合的地方进行解耦合，对差异化的、相互独立的地方进行非线性的关联；“优化”是使原有网络的结构和功能、管理和控制能够更好地与环境资源相匹配，与用户需求相匹配，与其要实现的功能和效果相匹配，优化既是协同的结果，也是更进一步实现协同操作的保障。可以说“协同是因，优化是果，因导致果，果反馈因，因果反复”。异构信息网络可以从网际间和网络内进行协同优化，可以从物理层面、数据链路层面、网络层面、传输层面、应用层面等各个层面进行协同优化，也可以从数据、业务、终端、网络和管理等方面进行协同优化，最后实现“**多网融合、一网多用、网内高效**”的目标。

1.2 研究的关键问题

如图 1.4 所示，下一代无线异构信息网络中四个核心研究对象是**网络、用户、信息和资源**，这四个核心要素在不同层面反映了下一代异构信息网络的本质和特点。其中，网络是外在呈现，用户是服务对象，信息是承载方式，资源是约束条件。研究下一代异构无线信息网络相关问题时不能将这四个核心要素简单分割、单独考量，它们之间相互影响，共同演化。例如，网络在服务用户的同时，用户也同样反过来影响网络的组成和功能；网络承载着信息的流动，信息也会反过来影响网络结构和运行模式的演化发展；用户产生多元的信息，信息也利用用户的物理属性和社会属性传播和扩散；同时，网络、用户、信息都受到有限环境资源的约束。因此，如何使异构网络中的不同网络在组成和功能上相辅相成，如何使网络提供的服务和用户的需求之间相互匹配，如何使网络可用资源和信息负荷之间有效负载，是下一代异构无线信息网络的重点研究内容 [59-60]。传统的从网络到用户和信息的研究思路已经不再适用于下一代异构信息网络，**本书以**

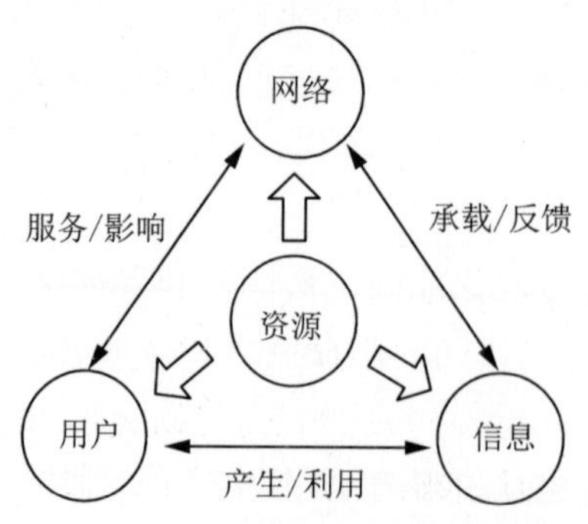

图 1.4 下一代异构无线信息网络中的核心研究对象

信息服务为源头、用户为中心、资源为约束，以网络与资源、用户和信息的协同优化为主线，以提升未来网络整体信息支撑能力为核心，探索和发展异构信息网络的协同优化基础理论和应用。

提到网络整体的信息支撑能力，研究无线网络的学者和工程师们经过数十年的努力，不仅在理论上证明了单用户网络容量的上限，也在工程上达到了近似的上限容量[61]。然而，面对下一代异构无线信息网络，我们不仅仅想优化网络容量，还想减少系统的延时，降低系统的能量消耗，同时提高系统的稳定性和用户的 QoS。每次我们在优化目标中加入一个额外的变量，问题的搜索空间就会扩大，就可能会出现大量的局部最优解。因此，在问题模型的建立及求解过程中，需要协同考虑每一个指标，以提升网络整体的信息支撑能力，而非某一个性能指标。

本书涉及的异构网络协同优化基础理论主要包含三个关键问题：**资源协同配置、用户协同接入、信息协同扩散**，以实现网络资源多目标协同利用共享、网络用户按需协同统筹组织、网络信息互适应协同演化。

1.2.1 异构网络资源协同配置

异构信息网络的资源是多维度、多类别和多层级的，同时也是有限的。对异构网络资源的高效协同配置有利于提高网络资源的利用效率，同时通过耦合不同网络之间的资源，实现对异构网络系统的宏观调控和微观控制，提升异构网络的环境适应能力和业务服务能力。异构网络资源协同配置为下一代信息网络带来了更高的设计自由度。从设计者的角度讲，异构网络资源协同配置能够有效避免、甚至合理利用网间以及网内的各种干扰。同时其也可根据实时通信热点实现以用户为中心的灵活、柔性组网，实现负载均衡，以及达到绿色通信的目的。从用户的角度讲，异构网络资源协同配置使用户可在不同网间灵活切换，消除通信盲点，保障用户服务需求。

针对异构网络资源优化配置已有大量的相关研究。一些研究者提出了新型的网络资源配置架构，以提高异构网络资源的整体协调配置能力。文献 [62] 基于 SDN 网络架构从宏观角度研究了 5G 超密集异构网络中的功率分配问题。在文献 [63] 中，作者研究了基于云架构的异构网络功能虚拟化和网络切片技术，根据资源拍卖理论研究了网络切片间的资源高效分配策略。文献 [64] 研究了多运营商管理下的网络资源协同配置方法，提出了一种基于帕累托最优的多网无线资源分配方法，同时提高了网络的能源效率和频谱效率。在网络的能量资源配置方面，文献 [65] 通过调整小型基站的发射功率实现了基站间的负载均衡，提高了网络整体的能量利用效率。文献 [66] 研究了基于用户负载分布的小型基站休眠策略，以提高网络的整体能效。文献 [67] 将能源协同配置问题建模成了一个斯塔克尔伯格博弈模型（Stackelberg game），并给出了基于梯度下降的迭代解法。此外，针对网络信道资源的协同配置，文献 [68-70] 提出了基于时间、频率、空间划分的多址资源分配方案，通过构建正交的资源单元来避免相互干扰。一些研究人员致力于非正交系统资源配置方法的研究，例如认知无线电技术[71]、非正交多址接入技术（non-orthogonal multiple access，NOMA）[72]。还有学者利用空间分集的特性提出了基于多天线的联合或者部分联合的预/后编码技术、波束成形和天线选择技术[73]。此外，一些研究还考虑了网络资源和用户的属性。文献 [74] 研究了异构蜂窝网络中正交信道分配、重叠信道分配以及部分重叠信道分配中用户关联和资源配置问题，并推导出了异构网络性能的理论上界。文献 [75] 为了提高多模式多波段用户终端的容量，提出了一个分布式的波段选择和功率配置方法。文献 [76] 基于混合整数规划构建了异构蜂窝网络中子信道分配和功率控制的协同优化方法。

然而，目前大部分面向异构信息网络的资源优化策略的研究只考虑了网络单一资源的优化和配置，并没有将时间资源、空间资源、频率资源、能量资源协同考虑；同时大多数研究只针对单一网络内部资源的优化和配置，很少考虑网间、网内的资源协同利用与共享。因此，现有设计仅能实现局部最优解。在下一代信息系统提出的 Gb 级高速率以及 ms 级低时延的要求下，其局限性日益突出。在这项研究中，本书将以异构网络资源共享、多维资源协同配置为导向进行研究，从而提高整个异构网络系统的资源利用率。

1.2.2 异构网络用户协同接入

异构信息网络的用户终端从种类到数量都呈现快速增长的趋势，用户接入方式呈现多模式、多类型、大规模、时变性的特点。传统单一化的接入方式已经不能适应用户终端差异化的通信、计算、存储等能力，不能高效服务用户多样化的业务模式，同时传统用户接入方式对环境的适应能力也不足。因此，在异构信息网络中研究高效的用户协同动态接入策略，通过用户灵活和智能的接入策略，提升网络对用户差异性和业务多样性的服务能力，同时也能够提升网络的环境鲁棒性 [77-78]。

还有些学者针对单一网络中不同的性能指标，例如网络的吞吐量、误码率、传输时延、能量消耗、用户的 QoS、用户间公平性等研究了用户的协同接入策略。在文献 [79] 中，作者基于微分博弈理论和演化博弈理论，构建了一个分层动态博弈框架来研究用户动态接入问题，该模型具有快速的收敛性能。Yang 等在文献 [80] 中考虑了负向网络外部性，基于马尔可夫决策过程确定最优网络接入规则，同时提出了一个改进的值迭代算法，降低了计算的空间复杂度。通过对比模糊逻辑理论，作者在文献 [81] 中提出了一个双阶段接入点选择方法。文献 [82] 定义了一个基于接受信号噪声干扰比（signal-to-interference-plus-noise ratio，SINR）和网络业务流量的接入点连接性度量，用来平衡接入点的负载。文献 [83] 基于最优反应动态[84] 和 最优反应策略[85] 提出了一个用户协同接入机制，该机制以系统容量为奖励函数，在优化接入点选择的过程中显著改善了系统的能量消耗。此外，针对异构信息网络，一些研究探索了用户的跨网络接入选择问题。文献 [86] 基于人工智能的方法研究了 5G 大规模异构网络中用户多网络接入选择问题，并采用一种离线和在线联合优化架构提升了用户的服务体验和资源利用率。文献 [87] 面向车辆大规模异构网络，基于博弈论方法设计了在不同用户需求情况下的低成本接入策略。在文献 [88] 中，作者分别从以网络为中心和以用户为中心两方面考虑，研究了在 LTE 和 Wi-Fi 组成的异构网络中用户接入的网络选择策略，提高了网络整体的业务服务能力。

然而，现有研究大多集中于单一网络内部的接入机制研究，且以单一的系统性能为优化目标。考虑到异构网下节点的差异化的信息处理能力，终端用户多样性的服务需求，以及网络环境和系统状态对用户接入性能的影响，异构网下的用户接入设计更具有挑战性，如何优化用户接入来提升网络性能需要进一步研究。因此，本书将着重研究异构网络环境观测下的用户协同接入策略，综合考虑用户终端的差异性和业务需求的多样性，在改善用户服务体验的同时提高网络性能。

1.2.3 异构网络信息协同扩散

异构信息网络中实现信息的结构化提取、高效传输和扩散是网络具备时效性信息服务功能的关键。不同于传统网络，异构信息网络中节点种类的多样性、节点位置的移动性、网络拓扑的多变性都会对信息的传输或扩散产生影响。此外，链路的时变状态、网络的动态拓扑、节点的社会属性等对网络汇聚节点、信息传输路径的选择提出了更高的要求，需要从宏观层面协同考虑网络、用户、信息的关联关系和影响机理。研究异构网络中信息的协同扩散机制，一方面能够提高异构网络中信息的传输和扩散效率，降低传输时延；另一方面也能均衡网络骨干节点的传输载荷，提高网络的容量。

网络中信息传播的研究起源于计算机病毒在计算机网络中和流行病在人群中的传播。文献 [89] 从宏观和微观层面研究了信息在社交网络中的动态扩散过程。此外，文献 [90] 和文献 [91] 基于演化博弈模型建立了信息在网络中的动态扩散模型，并基于真实数据集验证了该模型的准确性。文献 [92] 和文献 [93] 基于经验分析预测了信息在网络中的扩散速度和扩散范围。考虑到很多异构信息网络中网络节点状态及其之间的连接关系都是时变的，一些学者研究了网络拓扑、节点属性与信息传输的关系。基于节点拓扑属性的分析方法在移动网络信息扩散中得到了广泛的应用[94-97]。文献 [96] 研究了多跳无线通信网络中基于拓扑关系的用户协作对网络信息扩散的影响，作者通过结合节点的拓扑属性层和多跳网络的通信属性层探索了如何提高信息扩散速率和网络覆盖范围。文献 [98] 基于网络社团结构提出了一种基于节点拓扑属性的延时自适应网络的路由节点选择方案。文献 [99] 基于节点的社会关系提出了一种移动网络多层信息扩散模型，该模型针对不同用户对网络中不同信息的不同需求优化信息传输机制，提高了信息扩散效率。文献 [100] 通过分析网络中内容源的数量对信息扩散长期和短期能力的影响，研究了多跳传感器网络中信息扩散能力的影响机制。在文献 [101] 中，作者基于周期性网络密度研究了网络密度对网络信息传输平均延迟的影响。文献 [102] 联合考虑了节点移动性、传输距离和节点密度，提出了一种无线移动网络数据扩散延迟分析模型。文献 [103] 利用最优控制原理，研究了传染病扩散模型下异构网络信息扩散的控制方法。

考虑到异构信息网络中信息的传输和扩散将不可避免地涉及多种网络结构和节点类型，且只有很少量的研究协同考虑了网络环境、拓扑结构、用户属性对信息扩散的影响，本书将研究异构网络拓扑和复杂连接影响下的信息协同扩散机制，从而提高整个异构网络的信息传输扩散效率。

1.3 研究内容

针对 1.2 节提出的异构网络资源协同配置、用户协同接入、信息协同传输三个关键问题，本书面向四种异构网络场景，并结合了机器学习、优化算法、网络科学等理论和方法，开展了详细的研究，提出了基于马尔可夫决策的认知异构网络传输资源协同配置、基于分布式联合优化的空天地异构网络资源协同配置、基于多臂老虎机决策的室内异构网络用户协同接入、基于拓扑特性和复杂连接的异构网络信息协同扩散四项研究内容。图 1.5 展示了本书的研究内容与异构网络三个关键问题的对应关系。接下来，将给出每一个研究内容的研究思路和简要介绍。

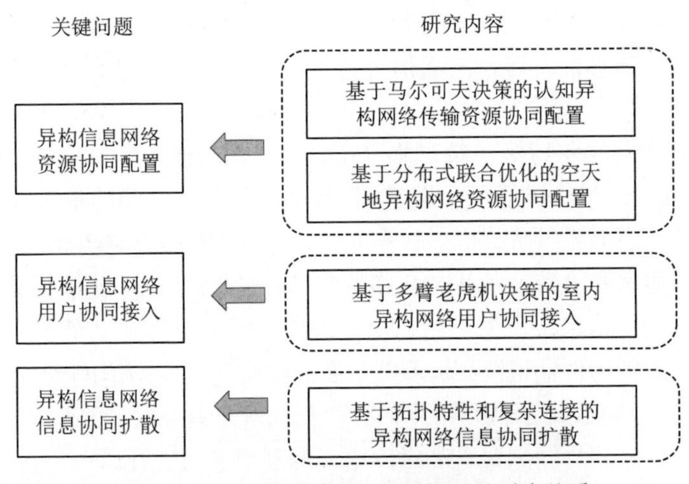

图 1.5 本书研究内容与关键问题的对应关系

1.3.1 基于马尔可夫决策的认知异构网络传输资源协同配置

第一个研究内容基于马尔可夫决策的认知异构网络传输资源协同配置，重点讨论了异构信息网络中多网络之间的传输资源协同共享问题。传统的不同网络之间制式不兼容、资源不共享、业务不互通，这主要是因为不同网络的管理分离，没有办法实现资源的交互和共享。本质上解决该问题需要从网络设计上进行组成、结构和功能的重构。然而，针对现有网络体系架构，实现多网络之间的资源共享需要从**探索高时效性认知网络资源协同配置机理**这一科学问题出发，赋予网络对环境和资源认知学习的功能，研究基于机会接入的传输资源协同配置。

考虑到下一代通信网络将使用更高频率的载波来进行信息传输，将会不可避免地与高频探测网络竞争信道资源，而探测网通常具有较高的军用或者民用 QoS 要求，因此，本书的第一个研究内容面向探测-通信异构网络场景，研究该异构系统下高效、智能的传输资源协同配置机制，以最小化不同系统之间的干扰，最大化传输资源的利用率。

本书根据通信网和探测网的工作特性，定义了异构网络资源协同配置的两种机制：衬垫式和填充式。在衬垫式模式下，通信网能够以较低功率与探测网共享传输信道资源，对探测网产生较低影响。在填充式模式下，通信网可以以较高的功率与探测网共享传输信道资源，为了避免对探测网产生较大干扰，需要准确感知和估计信道当前及未来的状态。另外，本书用马尔可夫状态转移过程建模网络信道的状态转移，既考虑了业务的突发性，同时也兼顾了信道状态变化的马尔可夫性。基于上述假设，本书构建了基于部分观测马尔可夫决策过程（partially observable Markov decision process，POMDP）的资源配置模型，定义了模型中必须的系统状态向量、系统估计状态向量、系统信念状态向量、观察函数、收益函数、以及系统状态转移概率和系统信念状态转移概率。在这个机制下，通信网可以通过感知探测网对信道资源的利用、保证对探测网的干扰满足要求的情况下，最大化合理使用传输资源。基于贝尔曼最优原理，本书给出资源配置模型的求解方法，并设计了低复杂度的近似最优解求解算法。仿真性能分析验证了该传输资源协同配置机制对网络资源利用率的提升。

图 1.6 总结了本书提出的基于马尔可夫决策的认知异构网络传输资源协同配置的研究思路。

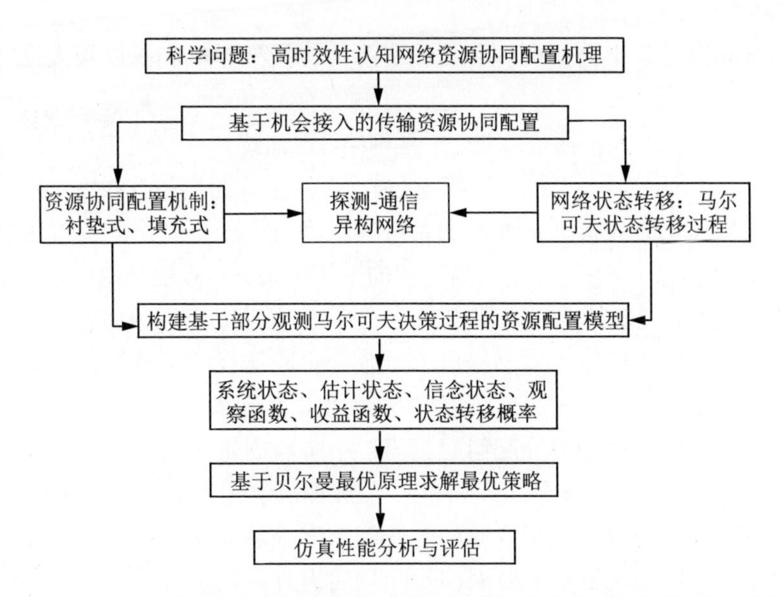

图 1.6　基于马尔可夫决策的认知异构网络传输资源协同配置的研究思路

1.3.2　基于分布式联合优化的空-天-地异构网络资源协同配置

第二个研究内容基于分布式联合优化的空-天-地异构网络资源协同配置，重点讨论了异构信息网络中多网络之间的资源协同下的干扰管理问题。在传统的由不同网络构成的异构系统中，网络间或小区内的相互干扰严重，而干扰又是影响无线通信系统整体性能的主要限制因素之一。传统的解决办法是通过创建基于时间、频率或空间划分的正交资源单元来避免干扰。然而，随着下一代异构网络中的节点在空间分布上越来越密集，呈现不同维度的交叉，网络中的用户分布越来越广泛，业务突发不确定，网络资源现有的分配策略限制了网络容量和服务能力。因此，需要从探索**异质异构网络资源与干扰控制协同机理**这一科学问题出发，研究基于分布式联合优化的多维资源协同配置机制。

考虑到小型无人机的低造价、易部署、强可控的特点，受益于无人机与地面用户的视距通信（line of sight，LOS）链路，无人机增强下的异构无线通信网络已经成为学术界和工业界研究的热点。而这一维度的增加使得原本稀缺的网络资源在空间上、时间上、频率上变得更加紧张。因此，本书的第二个研究内容面向无人机增强的空天地异构信息网络场景，研究该异构系统下空间资源和传输资源的协同配置机制，以最大化网络系统的吞吐量。

本书根据无人机通信网络、卫星网络、地面蜂窝网络的工作特性建立了空-天-地三层异构网络的跨层干扰模型。基于该跨层干扰模型，本书设计了以最大化无人机通信网络的系统容量为目标的资源协同配置优化问题，该优化问题考虑了三层网络之间的干扰约束、节点的功率约束、无人机悬停高度的位置约束以及用户差异化 QoS 约束。考虑该问题是一个多变量的非凸优化问题，本书提出了一个分阶段迭代的求解过程。第一个阶段固定无人机的高度分布，基于拉格朗日对偶分解的方法，联合优化无人机用户子信道和功率分配问题。第二个阶段固定无人机用户子信道分配和传输功率，基于差分凸规划和凹-凸过程求解无人机的高度分布问题。本书还设计了资源协同配置问题的低复杂度求解算法。仿真性能分析验证了该资源协同配置机制对网络吞吐量的提升，以及对系统频谱效率的优化。

图 1.7 总结了书中提出的基于分布式联合优化的空天地异构网络资源协同配置的研究思路。

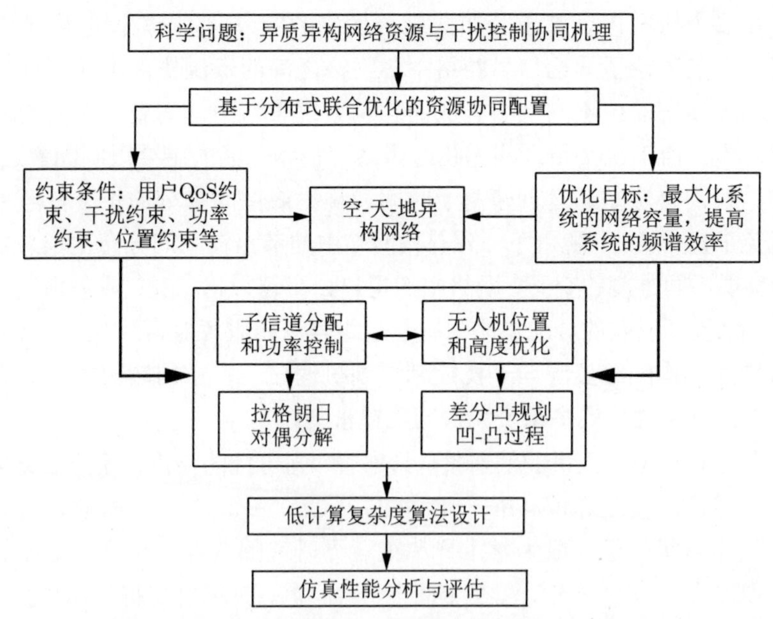

图 1.7 基于分布式联合优化的空-天-地异构网络资源协同配置的研究思路

1.3.3 基于多臂老虎机决策的室内异构网络用户协同接入

第三个研究内容基于多臂老虎机决策的室内异构网络用户协同接入，重点讨论了异构信息网络中网络内部多用户的协作接入问题。在异构网络中，多样性的业务需求使用户具有差异化的 QoS；此外，不均匀的负载分配方式会带来网络内部上行、下行流量的不对称性，影响了网络的整体性能。传统的无线网络基于基站或热点位置的用户接入策略不能有效解决用户接入控制和网络资源的匹配。因此，需要从探索**部分可观测的网络状态与用户接入的协同机理**这一科学问题出发，研究异构网络中资源按需匹配的高效、可靠用户协同接入机制。

在接入点和用户分布都很密集的室内环境中，基于发光二极管的可见光通信可以作为传统射频无线通信的一种补充，实现免授权频谱范围内的宽带可靠通信。在这样接入点密集部署的异构网络中，用户将面临众多服务热点的接入选择，且不同用户的接入点选择策略不但会影响接入点的负载分布，还会影响用户的 QoS，同时还会带来用户之间的相互干扰。因此，本书的第三个研究内容面向 Li-Fi/Wi-Fi 混合异构网络场景，研究该异构系统下基于网络状态的用户协同接入机制。

本书根据可见光通信链路特性建立了室内可见光 LOS 和一次反射混合信道模型。基于该模型，本书基于强化学习中的多臂老虎机决策理论将网络状态观测和用户协同接入紧密连接起来。多臂老虎机模型是强化学习方法中的一个典型代表，它很好地反映了系统开发已知状态和探索未知状态的平衡能力，是一种基于试错和校验的自学习方法。用户通过对网络中部分可观测的接入点状态的评估和利用，根据自身业务需求进行接入决策。本书定义了系统决策概率分布作为用户接入的决策依据，同时定义了累计收益差值函数作为协同机制的评价指标。本书设计了两个系统决策概率分布更新算法，并推导了不同算法下系统性能的理论上界。仿真性能分析验证了该用户协同接入机制对用户接入后所获得收益的提升，以及对系统资源利用率的优化。

图 1.8 总结了书中提出的基于多臂老虎机决策的室内异构网络用户协同接入的研究思路。

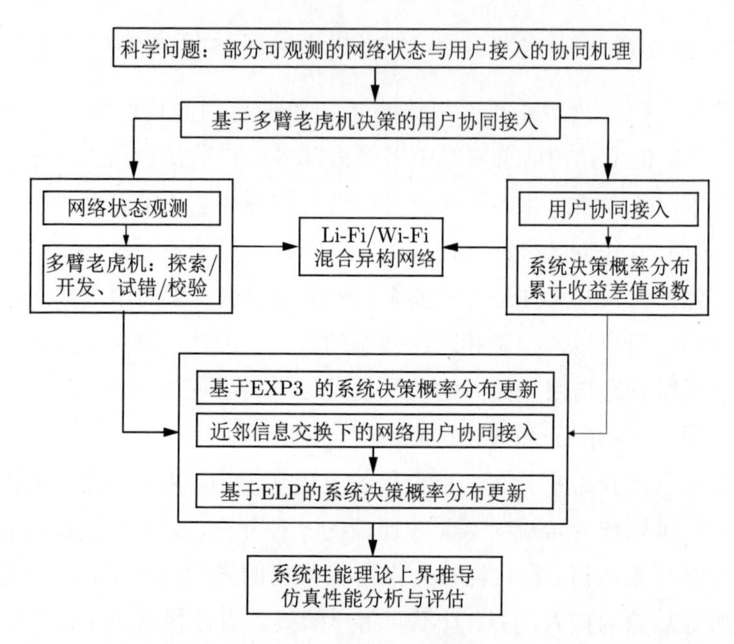

图 1.8　基于多臂老虎机决策的室内异构网络用户协同接入的研究思路

1.3.4　基于拓扑特性和复杂连接的异构网络信息协同扩散

第四个研究内容基于拓扑特性和复杂连接的异构网络信息协同扩散，重点讨论了异构信息网络信息传输与扩散能力和网络拓扑结构、网络节点属性的关联关系。一方面，网络中有限资源的不均匀分布，包括节点处理能力、链路带宽、队列资源等，将极大地限制网络对信息传输与扩散能力。另一方面，异构网络拓扑结构的不均匀分布降低了网络的可扩展性，少数关键节点可能对信息的传输和扩散起决定性作用。因此，需要从探索**网络复杂拓扑特性与信息扩散的协同机理**这一科学问题出发，研究异构信息网络中网络结构影响下信息的协同扩散机制。

基于成熟的交通运输体系，车联网（internet of vehicles，IoV）异构信息网络包含众多智能化节点，它们具有信息局部传感、协作收集和边缘分析的能力，而对网络中感知的或者处理后的信息的高效传输和扩散是保障 IoV 异构网络可靠运行的关键。与传统信息网络不同，IoV 异构网络是一个大规模、高动态、自组织的复杂网络，而传统的信息传播机制没有考虑网络的复杂空间特性对信息扩散的影响。因此，本书的第四个研究内容面向 IoV 异构信息网络场景，研究该异构系统下基于拓扑特性和复杂连接的异构网络信息协同扩散机制。

本书基于真实的交通数据集，分析了 IoV 异构信息网络的拓扑特性，计算了包括节点的度分布、节点和边的介数中心性、网络的聚类系数、平均路径长度等拓扑参数，证明了 IoV 异构信息网络在拓扑层面上的小世界特性和无标度特性。基于上述拓扑特性，本书设计了该网络下信息协同扩散机制，该协同机制将网络拓扑特性与信息传输中的链路模型、路由机制、传输控制机制有机地结合起来，提出了基于谱聚类的信息收集体系、基于网络容量最大化的网关节点选择算法和基于链路通信阻抗的负载匹配和扩散路径优化算法。仿真性能分析验证了该信息协同扩散机制对异构网络中信息的传播效率的提升。

图 1.9 总结了书中提出的基于拓扑特性和复杂连接的异构网络信息协同扩散的研究思路。

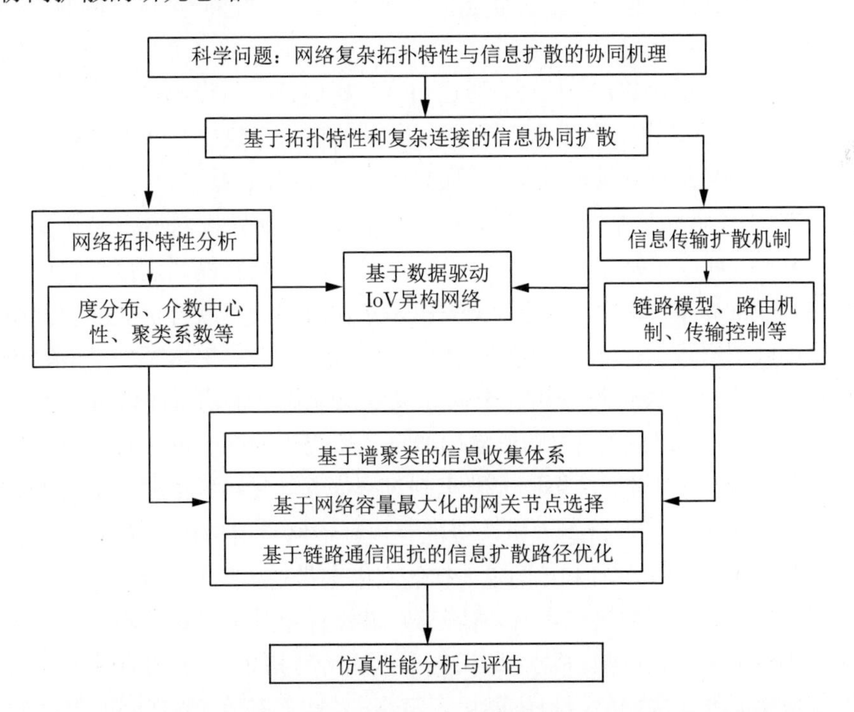

图 1.9　基于拓扑特性和复杂连接的异构网络信息协同扩散的研究思路

1.4 本书章节安排

本书针对异构信息网络协同优化的基础理论和应用展开研究，包括网络与资源的协同配置、网络与用户的协同接入、网络与信息的协同扩散三个方面。全书共分为 6 章，第 1 章介绍了本书的研究背景和意义，提出了异构信息网络协同优化的三个关键问题，并归纳了本书的主要创新点和贡献。第 2 章 ~ 第 5 章是本书的主体部分，详细介绍了本书的研究内容。

第 2 章讨论了基于马尔可夫决策的认知异构网络传输资源协同配置。首先，建立了基于机会接入的探测-通信异构网络系统模型；其次，设计了基于 POMDP 的传输资源协同与优化机制，并构建了系统状态向量集合、估计状态向量集合、信念状态向量集合、信念状态向量转移函数、行动向量集合、系统收益函数等基本要素；再次，提出了一个基于采样的值迭代低复杂度最优算法；最后，通过仿真分析验证了所提出的基于马尔可夫决策的认知异构网络传输资源协同配置机制的有效性，并与基于完全信道状态信息最优资源配置策略下的系统性能进行了对比分析。

第 3 章研究了基于分布式联合优化的空-天-地异构网络资源协同配置。首先，建立了基于卫星网络-无人机通信网络-蜂窝网络三层异构网络的跨层干扰模型；其次，设计了无人机基于位置和功率联合优化的资源协同配置机制来最大化无人机通信网络的吞吐量；再次，提出了一个双阶段联合迭代优化的求解算法和一个低计算复杂度的基于功率比例分配的启发式实现算法；最后，通过仿真实验验证了所提出的基于分布式联合优化的空-天-地异构网络资源协同配置机制对网络吞吐量和频谱效率的提升。

第 4 章分析了多臂老虎机决策的室内异构网络用户协同接入。首先，构建了基于 Wi-Fi 上行和 Li-Fi 下行的室内宽带通信场景；其次，定义了系统决策概率分布和累积收益差值函数，并设计了基于多臂老虎机模型的异构网络用户接入机制；再次，鉴于接入点的特殊拓扑结构，设计了基于近邻信息交换的异构网络用户协同接入策略，给出了基于 EXP3 和 ELP 算法的系统决策概率分布更新机制，以及推导了每个更新机制下累积收益差值的期望值的上界；最后，通过仿真分析验证了提出的用户协同接入策略对系统性能的提升和优化。

第 5 章阐述了基于拓扑特性和复杂连接的异构网络信息协同扩散。首先，建立了 IoV 异构网络的无向加权图模型，并基于节点拓扑位置和通信性能定义了网络的权重值；其次，设计了基于拓扑特性和复杂连接的信息协同扩散机制，该机制包括基于谱聚类的信息收集方法、面向网络容量最大化的网关节点选择方法和基于链路通信阻抗的信息扩散路径优化方法；再次，利用真实数据集，分析了城市 IoV 异构网络时不变的复杂空间分布特性；最后，通过仿真分析验证了提出的信息协同扩散机制的有效性和优越性。

第 6 章对本研究的贡献和创新点进行了总结，最后面向未来空-天-地海一体化异构信息网络，给出几点关于异构信息网络协同优化理论的研究展望。

第 2 章　基于马尔可夫决策的认知异构网络传输资源协同配置

2.1　本 章 引 言

目前，核心的信息基础设施朝着环境自适应、多功能集成、大数据感知的方向发展。在整体优化的指导思想下，众多单一功能的系统彼此合作，共享稀缺的信道资源，提升异构信息网络系统的整体性能。本章将以探测-通信异构网络为场景，探索高效、智能的异构网络传输资源协同配置方法。

作为信息基础设施的重要一员，雷达系统通过分析反射回来的电磁波，进而确定目标所在方位和运动速度等特征。与雷达系统不同的是，通信系统利用无线电信道进行传输信息。在大量的民用和军用场景中，雷达系统和通信系统同时存在、相辅相成。具体来说，雷达系统采集的目标特性信息需要及时且完整地通过通信网络回传到控制中心；此外，下一代通信网络所使用的频段逐渐扩展到更高频率的微波波段，将会和雷达系统使用的频段产生更多的重叠。一些特定的频段，例如 3550~3650 MHz，已经被用来进行通信和雷达异构网络频谱资源共享的试验研究。因此，一个高效、智能的异构网络传输资源协同配置机制将最小化不同系统之间的干扰，最大化传输资源的利用率[104]。

然而，传统网络资源配置策略不能完全适用于雷达-通信异构信息网络。首先，通信用户很难准确估计跳频雷达快速时变的信道状态信息（channel state information，CSI）；其次，由于突发性的业务需求和有限的能量供应，连续无缝的信道监测不切合实际。如何准确地估计异构信息网络系统的信道状态成为一个巨大的挑战。考虑到系统不均匀的子信道占用和无规律的外界环境干扰，探测-通信异构网络传输资源协同配置方法需要特殊的设计和优化。

在一些文献里，博弈论被广泛用来解决异构网络的传输资源协同配置问题[79,105-108]。在文献 [79] 中，作者运用双层动态博弈模型解决两层异构蜂窝网络中的频谱共享问题，该模型考虑了用户的动态决策以及信息传输的时延，提高了用户的收益和决策收敛速度。文献 [107] 构建了一个合作博弈模型来最大化多用户认知通信网络的效用。文献 [108] 基于组合拍卖机制和斯塔克尔伯格博弈模型（Stackelberg Game）提出了一个多用户双阶段资源协同分配方法。除此之外，一些针对探测-通信异构网络的联合优化设计也被广泛提出[109-112]。文献 [110] 通过联合优化设计雷达信号波形和多载波通信系统的功率谱密度，提高了雷达系统的可靠性，同时保证了通信系统的吞吐量。文献 [111] 提出了一个通过最大化雷达接收端的信号干扰噪声比（signal-to-interference-plus-noise ratio，SINR）同时满足通信系统的速率和功耗的限制的资源协同优化策略。在文献 [112] 中，一种自适应雷达波束赋形技术被提出来用于消除通信系统在频谱共享过程中产生的干扰。

然而，联合优化设计需要准确知道 CSI，由于不断扩大的搜索空间，优化问题的求解具有很高的计算复杂度。业务的突发性以及系统功率限制也增加了准确估计 CSI 的难度。作为强化学习方法中的重要一员，部分可观测马尔可夫决策过程（partially observable Markov decision process，POMDP）能够为部分不确定的系统状态构建假设状态（信念状态），然后利用它们进行后续的决策。尽管 POMDP 方法已经成为认知网络资源分配的有效决策工具[113-116]，但是它在具有快速时变和部分可观测信道的探测-通信异构网络中的研究还处于起步阶段。

本章创新性地提出了一个基于 POMDP 的探测-通信异构网络传输资源协同配置机制[117]。本章的研究内容和主要贡献分为以下三点：

（1）本章将探测-通信异构网络传输资源共享问题建模成 POMDP，提出了一个环境自适应异构网络传输资源协同配置机制，该传输资源协同配置机制不仅可以灵活地适应环境动态变化，同时还可以高效利用稀缺的频谱资源。

（2）本章根据值函数的分段线性和凸性提出了一个基于采样的低计算

复杂度 POMDP 解法，该解法可以快速收敛，高效率地给出 POMDP 问题的一个近似最优解。

（3）仿真实验验证了所提出机制的可行性和有效性，该机制可以有效提高通信网络的吞吐量，同时可以降低通信系统对探测系统的干扰。

本章的章节安排如下。2.2 节建立了基于机会接入的探测-通信异构网络系统模型。2.3 节针对探测-通信异构网络协作工作特点设计了基于 POMDP 模型的传输资源协同与优化机制及其低计算复杂度的解法。2.4 节通过设计仿真实验验证了所提出传输资源协同机制的可行性和有效性。2.5 节总结了本章研究内容。

2.2 基于机会接入的探测-通信异构网络系统模型

本章研究的探测-通信异构网络中包含两类用户：第一类是主用户，第二类是次级用户。如图 2.1 所示，主用户可以未经额外授权优先使用无线信道资源，同时主用户不需要主动获取网络中的其他次级用户的信息；次级用户则在每个时隙开始的时候主动监测信道的使用状态，进而根据监测结果选择合适的接入方式使用信道资源。简而言之，次级用户通过机会接入机制与主用户共享传输资源。

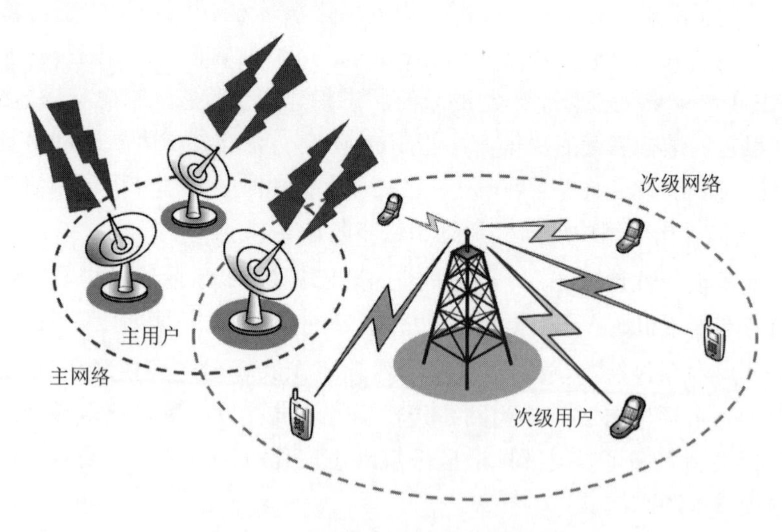

图 2.1 探测-通信异构网络系统模型

2.2.1 主用户与主网络

雷达系统通过接收和分析目标物体反射的回波信号来检测和跟踪对象。在本章中，主用户是雷达用户，所有的主用户构成了一个主网络（primary network，PN）。为了提高抗干扰的性能，本章考虑在时间、频率和空间三个维度上不间断扫描的跳频雷达系统。同时，跳频雷达工作的过程会产生频谱空洞，该频谱空洞可以被通信系统利用来极大地提高频率利用率。

2.2.2 次级用户与次级网络

本章中的次级用户是射频通信用户，这些用户由一个通信基站（base station，BS）提供服务。BS 负责感知信道状态以及为次级用户实时制定传输资源协同配置策略。这些通信用户和通信基站共同组成次级网络（secondary network，SN），次级网络和主网络共享同一频段的频率资源。次级用户可以利用空闲信道资源，也可以在不违反主用户 SINR 约束的情况下共享主用户所占用的信道资源。

2.2.3 传输资源协同配置联合设计

2.2.3.1 系统状态与转移

探测-通信异构网络的总带宽为 W, 其中共有 N 个子信道可以被监测和接入。每一个子信道的带宽可以表示为 $W_1, W_2, \cdots, W_N$。主用户（又称作授权用户）可以任意接入某一个或所有 N 个子信道。因此，每个子信道在某一时刻具有两个状态：①“占用状态”表示当前子信道正在被主用户占用；②“空闲状态”是指当前时刻主用户没有使用该子信道。子信道 i 在时刻 t 的状态可以表示为 $s_i(t)$，如果子信道 i 处于占用状态，那么有 $s_i(t)=1$；同理，当子信道 i 处于空闲状态，有 $s_i(t)=0$。由于该异构网络的传输资源是由 N 个子信道组成，因此时刻 t 的网络系统状态可以表示为向量 $\boldsymbol{S}(t)=[s_1(t), s_2(t), \cdots, s_N(t)], s_i(t) \in \{0,1\}$。由此可以看出，异构网络一共具有 2^N 个可能的状态。$\mathbb{S}$ 表示异构网络的系统状态向量集合，可以得到 $\boldsymbol{S} \in \mathbb{S}$ 以及 $|\mathbb{S}|=2^N$。

在我们的模型中，假设每一个子信道的状态转移都遵循马尔可夫过程。如图 2.2 所示，α_i 表示子信道状态从占用状态转移到空闲状态的概

率，β_i 表示子信道状态从空闲状态转移到占用状态的概率。因此，子信道 i 的状态转移概率可以表示为

$$p_i(s_i' \mid s_i) = \Pr\{s_i(t+1) = s_i' \mid s_i(t) = s_i\} \tag{2-1}$$

其中， $s_i, s_i' \in \{0,1\}$，s_i' 表示子信道 i 在相对于当前时刻 t 的下一时刻（$t+1$）的状态。假设 p_i^0 和 p_i^1 分别表示系统稳定时子信道 i 处于空闲状态和占用状态的概率，当上述马尔可夫过程达到稳定状态的时候，可以得到 $p_i^0 = \alpha_i/(\alpha_i + \beta_i)$ 以及 $p_i^1 = \beta_i/(\alpha_i + \beta_i)$。考虑到每个子信道之间的独立性，异构网络系统状态转移函数可以表示为

$$\begin{aligned} p(\boldsymbol{S}' \mid \boldsymbol{S}) &= \Pr\{\boldsymbol{S}(t+1) = \boldsymbol{S}' \mid \boldsymbol{S}(t) = \boldsymbol{S}\} \\ &= \prod_{i=1}^{N} \Pr\{s_i(t+1) = s_i' \mid s_i(t) = s_i\} \end{aligned} \tag{2-2}$$

其中， $\boldsymbol{S}' = [s_1', s_2', \cdots, s_N']$, $\boldsymbol{S} = [s_1, s_2, \cdots, s_N]$，并且 $\boldsymbol{S}', \boldsymbol{S} \in \mathbb{S}$。

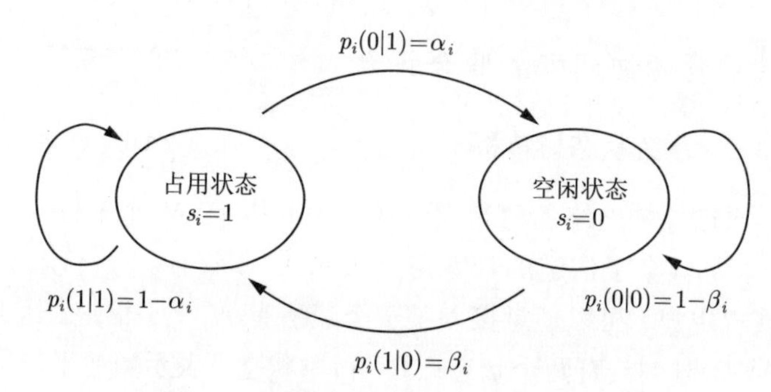

图 2.2　子信道 i 的马尔可夫状态转移过程

2.2.3.2　传输资源协同机制

次级用户对采用机会信道接入机制与主用户共享频谱资源。次级用户对传输资源配置的决策可以分为两个阶段：感知决策阶段和接入决策阶段。考虑到功耗的限制，次级网络中的通信基站可以在时刻 t 最多选择监测 M 个子信道的状态信息（$M < N$），目的是为了更好地估计整个异构网络的系统真实状态 $\boldsymbol{S}(t)$。此阶段被称为“感知决策阶段”，这个阶段里次级网络的行为决策称作“行动 1”。行动 1 由 $\mathbb{A}_1 = \{\boldsymbol{A}_1\}$ 来表示，

其中 $\boldsymbol{A}_1=[a_1^1,a_2^1,\cdots,a_N^1]\in\{0,1\}^N$，同时 $|\mathbb{A}_1|=\begin{pmatrix}N\\M\end{pmatrix}$。具体解释一下，如果次级网络决定监测第 i 个子信道，则有 $a_i^1=1$；否则有 $a_i^1=0$。由于次级网络在同一时刻最多只能监测 M 个子信道，因此 $\sum\limits_{i=1}^{N}a_i^1\leqslant M$。这里，感知决策阶段的虚警率和漏检率分别为 ζ_f 和 ζ_m。虚警率表示次级网络错误地监测到实际空闲的子信道为占用状态的概率；漏检率表示次级网络错误地监测到实际被占用的子信道为空闲状态的概率。

根据感知决策阶段选择的 M 个子信道及它们被监测到的状态，定义异构网络系统在时刻 t 的观察状态向量 $\boldsymbol{O}(t)=[o_1(t),o_2(t),\cdots,o_N(t)]$，其中 $o_i(t)\in\{0,1,\phi\}$。如果观察到子信道 i 的状态是空闲，则有 $o_i(t)=0$；如果观察到子信道 i 的状态是被占用，则有 $o_i(t)=1$；除此之外，如果在时刻 t 子信道 i 没有被次级网络选择监测，则有 $o_i(t)=\phi$。$\mathbb{O}$ 表示观察状态向量集合，$\boldsymbol{O}\in\mathbb{O}$。

在接入决策阶段，根据在感知决策阶段对系统真实状态的估计，如图 2.3 所示，两种传输资源协同机制（衬垫式接入机制和填充式接入机制）可以被选择，次级网络的这个行为决策称作“行动 2”。行动 2 由 $\mathbb{A}_2=\{A_2\}$ 表示，其中，变量 $A_2\in\{a_u^2,a_o^2\}$。具体来说，如果在接入决策阶段，衬垫式接入机制被选择（图 2.3 (a)），则有 $A_2=a_u^2$，如果填充式接入机制被选择（图 2.3 (b)），则有 $A_2=a_o^2$。假定次级网络中用户接入到子信道的功率可以表示为 $\boldsymbol{P}=[P_1,P_2,\cdots,P_N]$，下面具体介绍两种资源传输协同机制的区别 [118-119]：

（1）**衬垫式接入**：次级用户以一个相同的低功率与主用户共享所有子信道，有 $P_1^u=P_2^u=\cdots=P_N^u$ 以及 $P_i^u\leqslant P_{\max}^u$，其中 $P_{\max}^u$ 表示衬垫式接入机制下次级用户最大的允许接入功率。该最大允许接入功率是由主用户的性能决定的，在这里需要满足跳频雷达工作时的检测率和虚警率约束。

（2）**填充式接入**：次级用户可以以相对衬垫式接入更高的功率 P_i^o 接入最多 L 个最有可能是空闲状态的子信道中（$L<N$），其中 $P_i^o\leqslant P_{\max}^o$，$P_{\max}^o$ 表示填充式接入机制下次级用户最大的允许接入功率。该最大允许接入功率是由次级用户的发射机参数决定的。

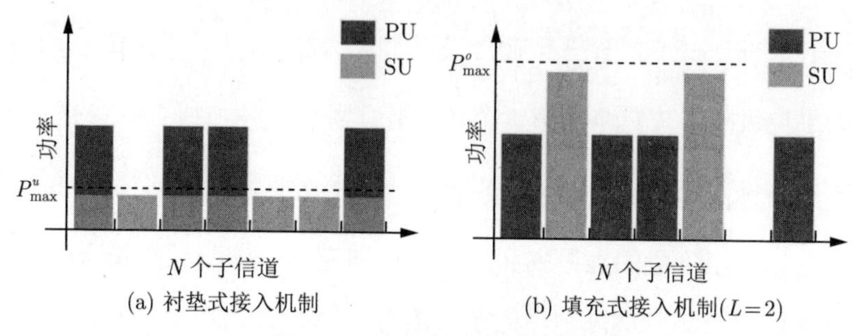

(a) 衬垫式接入机制 (b) 填充式接入机制($L=2$)

图 2.3 两种传输资源协同机制

综上所述，次级用户与主用户共享传输资源的决策过程由顺序的行动 1 和行动 2 共同决定，这里用行动向量 $\boldsymbol{A}=[\boldsymbol{A}_1, A_2]$ 表示次级网络传输资源配置的决策行动。因此，可以得到次级网络决策行动向量集合 $\mathbb{A}=\mathbb{A}_1\times\mathbb{A}_2$，其中符号“×”表示笛卡儿积运算，并且有 $|\mathbb{A}|=2\begin{pmatrix}N\\M\end{pmatrix}$，$\boldsymbol{A}\in\mathbb{A}$。

2.2.3.3 收益函数

本模型中的系统收益 R 定义为次级网络的净回报：

$$R=\sum_{i=1}^{N}R_i \tag{2-3}$$

其中，R_i 为次级网络在子信道 i 上获得的净收益。每个子信道上的净收益包含两个部分：容量增益项（capacity gain）R_{ig} 和干扰惩罚项（interference penalty）R_{ip}，有 $R_i=R_{\text{ig}}+R_{\text{ip}}$。

具体来说，如果次级用户成功接入一个空闲信道（$s_i=0$），容量增益项 R_{ig} 可以根据香农公式计算：

$$R_{\text{ig}}(P_i,N_i)=\lambda_C W_i\log\left(1+\frac{g_{\text{sr}}P_i}{(g_{\text{pr}}N_i+N_0)W_i}\right) \tag{2-4}$$

其中，λ_C 是权重系数，W_i 是子信道 i 的带宽。N_i 和 N_0 分别表示雷达信号的平均功率谱密度和高斯白噪声的平均功率谱密度。当子信道 i 处于空闲状态（$s_i=0$）时，有 $N_i=0$。此外，g_{sr} 和 g_{pr} 分别表示次级用户接收机功率增益和主用户发射机功率增益。在这种假设下，$R_{\text{ig}}\geqslant 0$。

如果次级用户接入一个被主用户占用的信道（$s_i=1$），它将不可避免地给主用户带来额外的干扰，导致雷达系统检测概率的降低。考虑到次级网络的随机访问，干扰惩罚项 R_{ip} 可以建模成：

$$R_{\mathrm{ip}}(P_i, N_i) = -\lambda_I \cdot \frac{g_{\mathrm{sp}}[P_i - P_{\max}^u]_+}{N_i W_i} \tag{2-5}$$

其中，λ_I 代表权重系数，g_{sp} 是主用户的接收机功率增益。这里定义函数 $[\cdot]_+ = \max\{\cdot, 0\}$。可以得到，当次级网络以最大接入功率 $P_i \leqslant P_{\max}^u$ 选择衬垫式接入时，$R_{\mathrm{ip}} = 0$；当次级网络以较大接入功率选择填充式接入时，由于对真实系统状态的不确定性，将有一定概率使 $R_{\mathrm{ip}} \leqslant 0$，但同时可能获得更大的容量增益 R_{ig}。

值得注意的是，当次级用户接入一个空闲信道，无论它选择何种传输资源协同配置方式，干扰惩罚项总是 $R_{\mathrm{ip}} = 0$。当子信道 i 没有被次级网络选择时，则有 $R_{\mathrm{ig}} = R_{\mathrm{ip}} = 0$。

2.3 基于 POMDP 的传输资源协同优化

2.3.1 观察状态函数

本节首先定义了观察状态函数 $z_i(o_i|s_i, a_i^1)$，它表示在子信道真实状态为 s_i 且次级网络行动 1 为 a_i^1 的条件下，观察状态为 o_i 的概率，$z_i(o_i|s_i, a_i^1)$ 可以表示为

$$z_i(o_i \mid s_i, a_i^1) = \Pr\left(o_i(t) = o_i \mid s_i(t) = s_i, a_i^1(t) = a_i^1\right) \tag{2-6}$$

当次级网络在感知决策阶段的行动 1 为 $a_i^1 = 1$ 时，公式（2-6）针对子信道 i 的观察状态函数可以由公式（2-7）计算：

$$z_i(o_i \mid s_i, a_i^1) = \begin{cases} 1 - \zeta_f, & \text{如果 } o_i = 0, s_i = 0, a_i^1 = 1 \\ \zeta_m, & \text{如果 } o_i = 0, s_i = 1, a_i^1 = 1 \\ \zeta_f, & \text{如果 } o_i = 1, s_i = 0, a_i^1 = 1 \\ 1 - \zeta_m, & \text{如果 } o_i = 1, s_i = 1, a_i^1 = 1 \end{cases} \tag{2-7}$$

其中，ζ_f 和 ζ_m 分别代表次级网络在感知决策阶段的虚警率和漏检率。当次级网络在感知决策阶段的行动 1 为 $a_i^1 = 0$ 时，观察状态函数 $z_i(o_i|s_i, a_i^1)$ 可以表示为

$$z_i(\phi \mid 1, 0) = 1 \tag{2-8}$$

以及

$$z_i(\phi \mid 0,0) = 1 \tag{2-9}$$

考虑到每一个子信道的状态转移都彼此独立，在 t 时刻探测-通信异构网络的系统观察状态函数可以建模：

$$\begin{aligned} z(\boldsymbol{O}|\boldsymbol{S},\boldsymbol{A}_1) &= \Pr\big(\boldsymbol{O}(t) = \boldsymbol{O} \mid \boldsymbol{S}(t) = \boldsymbol{S}, \boldsymbol{A}_1(t) = \boldsymbol{A}_1\big) \\ &= \prod_{i=1}^{N} \Pr\big(o_i(t) = o_i \mid s_i(t) = s_i, a_i^1(t) = a_i^1\big) \end{aligned} \tag{2-10}$$

2.3.2 估计状态

由于次级网络不能准确地知道每一时刻所有子信道的状态，我们定义系统的估计状态变量来描述次级网络根据感知决策阶段的结果估计的系统状态。N 个子信道的系统估计状态向量可以表示为 $\boldsymbol{\Theta}^{\boldsymbol{S}}(t) = [\theta_1^{s_1}(t), \theta_2^{s_2}(t), \cdots, \theta_N^{s_N}(t)]$，其中，$\theta_i^{s_i}(t)$ 表示子信道 i 在时刻 t 被估计为处于状态 s_i 的概率。为了便于后续推导，这里定义 $\theta_i^1(t)$ 表示子信道 i 在时刻 t 被估计为处于占用状态（$s_i \doteq 1$）的概率，那么 $\theta_i^0(t) = 1 - \theta_i^1(t)$ 则表示子信道 i 在时刻 t 被估计为处于空闲状态（$s_i \doteq 0$）的概率。在本章中，符号 “$\doteq$” 表示被估计的值。

2.3.3 信念状态与转移

信念状态 $B_{\boldsymbol{S}}(t)$ 用来衡量次级网络在时刻 t 对实际网络真实状态估计的准确程度。信念状态 $B_{\boldsymbol{S}}(t)$ 定义为系统估计状态为 $\boldsymbol{\Theta}^{\boldsymbol{S}}(t)$ 的条件下系统真实状态为 $\boldsymbol{S}$ 的概率：

$$B_{\boldsymbol{S}}(t) = \Pr\big(\boldsymbol{S}(t) = \boldsymbol{S} \mid \boldsymbol{\Theta}^{\boldsymbol{S}}(t) = \boldsymbol{\Theta}^{\boldsymbol{S}}\big) = \prod_{i=1}^{N} \theta_i^{s_i}(t) \tag{2-11}$$

其中，$\boldsymbol{S} = [s_1, s_2, \cdots, s_N]$。因此在时刻 t，系统的信念状态向量可以表示为 $\boldsymbol{B}(t) = [B_{\boldsymbol{S}_1}(t), B_{\boldsymbol{S}_2}(t), \cdots, B_{\boldsymbol{S}_{2^N}}(t)] \in \mathbb{B}$，$\mathbb{B}$ 为系统的信念状态向量集合。更具体地，信念状态向量 $\boldsymbol{B}(t)$ 的所有元素可以看成与 2^N 个系统可能状态的一一映射，并且有 $|\boldsymbol{B}(t)| = |\mathbb{S}| = 2^N$。

接下来，定义系统的信念状态向量转移函数 $b(\boldsymbol{B}' \mid \boldsymbol{B}, \boldsymbol{A}_1)$，它表示系统在时刻（$t-1$）的信念状态向量为 $\boldsymbol{B}$ 且在时刻 t 感知决策阶段行

动 1 为 $\boldsymbol{A}_1$ 的条件下，时刻 t 的信念状态向量为 $\boldsymbol{B}'$ 的概率：

$$b(\boldsymbol{B}' \mid \boldsymbol{B}, \boldsymbol{A}_1) = \Pr\left(\boldsymbol{B}(t) = \boldsymbol{B}' \mid \boldsymbol{B}(t-1) = \boldsymbol{B}, \boldsymbol{A}_1(t) = \boldsymbol{A}_1\right) \tag{2-12}$$

其中，$\boldsymbol{B}', \boldsymbol{B} \in \mathbb{B}$。

根据全概率公式, 公式（2-12）可以改写为

$$\begin{aligned} & b(\boldsymbol{B}' \mid \boldsymbol{B}, \boldsymbol{A}_1) \\ & = \Pr\left(\boldsymbol{B}(t) = \boldsymbol{B}' \mid \boldsymbol{B}(t-1) = \boldsymbol{B}, \boldsymbol{A}_1(t) = \boldsymbol{A}_1\right) \\ & = \sum_{\boldsymbol{O} \in \mathbb{O}} \Big[\Pr\left(\boldsymbol{B}(t) = \boldsymbol{B}' \mid \boldsymbol{B}(t-1) = \boldsymbol{B}, \boldsymbol{A}_1(t) = \boldsymbol{A}_1, \boldsymbol{O}(t) = \boldsymbol{O}\right) \cdot \\ & \quad \Pr\left(\boldsymbol{O}(t) = \boldsymbol{O} \mid \boldsymbol{B}(t-1) = \boldsymbol{B}, \boldsymbol{A}_1(t) = \boldsymbol{A}_1\right)\Big] \end{aligned} \tag{2-13}$$

同理，根据公式（2-10）和公式（2-11），可以得到：

$$\begin{aligned} & \Pr\big(\boldsymbol{O}(t) = \boldsymbol{O} \mid \boldsymbol{B}(t-1) = \boldsymbol{B}, \boldsymbol{A}_1(t) = \boldsymbol{A}_1\big) \\ = & \sum_{\boldsymbol{S} \in \mathbb{S}} \Big[\Pr\big(\boldsymbol{O}(t) = \boldsymbol{O} \mid \boldsymbol{S}(t) = \boldsymbol{S}, \boldsymbol{B}(t-1) = \boldsymbol{B}, \boldsymbol{A}_1(t) = \boldsymbol{A}_1\big) \cdot \\ & \Pr\big(\boldsymbol{S}(t) = \boldsymbol{S} \mid \boldsymbol{B}(t-1) = \boldsymbol{B}, \boldsymbol{A}_1(t) = \boldsymbol{A}_1\big)\Big] \\ = & \sum_{\boldsymbol{S} \in \mathbb{S}} \Bigg(\Pr\big(\boldsymbol{O}(t) = \boldsymbol{O} \mid \boldsymbol{S}(t) = \boldsymbol{S}, \boldsymbol{B}(t-1) = \boldsymbol{B}, \boldsymbol{A}_1(t) = \boldsymbol{A}_1\big) \cdot \\ & \sum_{\boldsymbol{S}' \in \mathbb{S}} \Big[\Pr\big(\boldsymbol{S}(t) = \boldsymbol{S} \mid \boldsymbol{S}'(t-1) = \boldsymbol{S}', \boldsymbol{B}(t-1) = \boldsymbol{B}, \boldsymbol{A}_1(t) = \boldsymbol{A}_1\big) \cdot \\ & \Pr\big(\boldsymbol{S}'(t-1) = \boldsymbol{S}' \mid \boldsymbol{B}(t-1) = \boldsymbol{B}, \boldsymbol{A}_1(t) = \boldsymbol{A}_1\big)\Big]\Bigg) \\ = & \sum_{\boldsymbol{S} \in \mathbb{S}} \Big[\Pr\big(\boldsymbol{O}(t) = \boldsymbol{O} \mid \boldsymbol{S}(t) = \boldsymbol{S}, \boldsymbol{A}_1(t) = \boldsymbol{A}_1\big) \cdot \sum_{\boldsymbol{S}' \in \mathbb{S}} p(\boldsymbol{S} \mid \boldsymbol{S}') \cdot B_{\boldsymbol{S}'}\Big] \\ = & \sum_{\boldsymbol{S} \in \mathbb{S}} \Big[z(\boldsymbol{O} \mid \boldsymbol{S}, \boldsymbol{A}_1) \cdot \sum_{\boldsymbol{S}' \in \mathbb{S}} p(\boldsymbol{S} \mid \boldsymbol{S}') \cdot B_{\boldsymbol{S}'}\Big] \end{aligned} \tag{2-14}$$

公式（2-14）中的向量 $\boldsymbol{S}'$ 表示系统在时刻（$t-1$）的系统状态向量。

除此之外，基于时刻（$t-1$）的系统信念状态向量 $\boldsymbol{B}(t-1)$ 以及时刻 t 的观测状态向量 $\boldsymbol{O}(t)$，可以更新时刻 t 的系统信念状态向量 $\boldsymbol{B}'(t)$。

不失一般性，这里考虑向量 $\boldsymbol{B}'(t)$ 所有 2^N 个元素中的一个 $B'_{\boldsymbol{S}}$，可以得到：

$$\begin{aligned}
B_{\boldsymbol{S}'}(t) &= \Pr\big(\boldsymbol{S}(t)=\boldsymbol{S} \mid \boldsymbol{B}(t-1)=\boldsymbol{B}, \boldsymbol{A}_1(t)=\boldsymbol{A}_1, \boldsymbol{O}(t)=\boldsymbol{O}\big) \\
&= \frac{\Pr\big(\boldsymbol{S}(t)=\boldsymbol{S}, \boldsymbol{B}(t-1)=\boldsymbol{B}, \boldsymbol{A}_1(t)=\boldsymbol{A}_1, \boldsymbol{O}(t)=\boldsymbol{O}\big)}{\Pr\big(\boldsymbol{B}(t-1)=\boldsymbol{B}, \boldsymbol{A}_1(t)=\boldsymbol{A}_1, \boldsymbol{O}(t)=\boldsymbol{O}\big)} \\
&= \frac{\Pr\big(\boldsymbol{S}(t)=\boldsymbol{S}, \boldsymbol{B}(t-1)=\boldsymbol{B}, \boldsymbol{A}_1(t)=\boldsymbol{A}_1, \boldsymbol{O}(t)=\boldsymbol{O}\big)}{\Pr\big(\boldsymbol{B}(t-1)=\boldsymbol{B}, \boldsymbol{A}_1(t)=\boldsymbol{A}_1, \boldsymbol{S}(t)=\boldsymbol{S}\big)} \cdot \\
&\quad \frac{\Pr\big(\boldsymbol{B}(t-1)=\boldsymbol{B}, \boldsymbol{A}_1(t)=\boldsymbol{A}_1, \boldsymbol{S}(t)=\boldsymbol{S}\big)}{\Pr\big(\boldsymbol{B}(t-1)=\boldsymbol{B}, \boldsymbol{A}_1(t)=\boldsymbol{A}_1\big)} \cdot \\
&\quad \frac{\Pr\big(\boldsymbol{B}(t-1)=\boldsymbol{B}, \boldsymbol{A}_1(t)=\boldsymbol{A}_1\big)}{\Pr\big(\boldsymbol{B}(t-1)=\boldsymbol{B}, \boldsymbol{A}_1(t)=\boldsymbol{A}_1, \boldsymbol{O}(t)=\boldsymbol{O}\big)} \\
&= \frac{\Pr\big(\boldsymbol{O}(t)=\boldsymbol{O} \mid \boldsymbol{S}(t)=\boldsymbol{S}, \boldsymbol{B}(t-1)=\boldsymbol{B}, \boldsymbol{A}_1(t)=\boldsymbol{A}_1\big)}{\Pr\big(\boldsymbol{O}(t)=\boldsymbol{O} \mid \boldsymbol{B}(t-1)=\boldsymbol{B}, \boldsymbol{A}_1(t)=\boldsymbol{A}_1\big)} \cdot \\
&\quad \Pr\big(\boldsymbol{S}(t)=\boldsymbol{S} \mid \boldsymbol{B}(t-1)=\boldsymbol{B}, \boldsymbol{A}_1(t)=\boldsymbol{A}_1\big)
\end{aligned} \tag{2-15}$$

根据公式（2-14）的结果，$B_{\boldsymbol{S}'}(t)$ 可以表示为

$$\begin{aligned}
& B_{\boldsymbol{S}'}(t) \\
&= \frac{z(\boldsymbol{O} \mid \boldsymbol{S}, \boldsymbol{A}_1) \cdot \sum\limits_{\boldsymbol{S}' \in \mathbb{S}} p(\boldsymbol{S} \mid \boldsymbol{S}') \cdot B_{\boldsymbol{S}'}}{\Pr\big(\boldsymbol{O}(t)=\boldsymbol{O} \mid \boldsymbol{B}(t-1)=\boldsymbol{B}, \boldsymbol{A}_1(t)=\boldsymbol{A}_1\big)} \\
&= \frac{z(\boldsymbol{O} \mid \boldsymbol{S}, \boldsymbol{A}_1) \cdot \sum\limits_{\boldsymbol{S}' \in \mathbb{S}} p(\boldsymbol{S} \mid \boldsymbol{S}') \cdot B_{\boldsymbol{S}'}}{\sum\limits_{\boldsymbol{S}'' \in \mathbb{S}} \big(z(\boldsymbol{O} \mid \boldsymbol{S}'', \boldsymbol{A}_1) \cdot \sum\limits_{\boldsymbol{S}' \in \mathbb{S}} p(\boldsymbol{S}'' \mid \boldsymbol{S}') \cdot B_{\boldsymbol{S}'}\big)} \\
&= \prod_{i=1}^{N} \theta_i^{s_i}(t) = \prod_{i=1}^{N} \frac{z_i(o_i \mid s_i, a_i^1) \cdot \sum\limits_{s_i' \in \{0,1\}} p(s_i \mid s_i') \cdot \theta_i^{s_i'}(t-1)}{\sum\limits_{s_i'' \in \{0,1\}} \Big(z_i(o_i \mid s_i'', a_i^1) \cdot \sum\limits_{s_i' \in \{0,1\}} p(s_i'' \mid s_i') \cdot \theta_i^{s_i'}(t-1)\Big)} \\
&= \prod_{i=1}^{N} \frac{z_i(o_i \mid s_i, a_i^1) \cdot \Big(p(s_i \mid s_i'=1) \cdot \theta_i^1(t-1) + p(s_i \mid s_i'=0) \cdot \theta_i^0(t-1)\Big)}{\sum\limits_{s_i'' \in \{0,1\}} \Big(z_i(o_i \mid s_i'', a_i^1) \cdot \Big[p(s_i'' \mid s_i'=1) \cdot \theta_i^1(t-1) + p(s_i'' \mid s_i'=0) \cdot \theta_i^0(t-1)\Big]\Big)}
\end{aligned} \tag{2-16}$$

其中，$\boldsymbol{S}$ 和 $\boldsymbol{S}''$ 为在时刻 t 的两个独立的系统状态向量，$\boldsymbol{S}'$ 表示在时刻 $(t-1)$ 的系统状态向量。公式(2-16)中同时给出了估计状态向量 $\boldsymbol{\Theta}^{\boldsymbol{S}}(t)$ 的更新计算规则。然后，可以得到：

$$\begin{aligned}&\Pr\big(\boldsymbol{B}(t)=\boldsymbol{B}' \mid \boldsymbol{B}(t-1)=\boldsymbol{B}, \boldsymbol{A}_1(t)=\boldsymbol{A}_1, \boldsymbol{O}(t)=\boldsymbol{O}\big)\\&=I\left\{\boldsymbol{B}'=[B'_{\boldsymbol{S}_1}, B'_{\boldsymbol{S}_2}, \cdots, B'_{\boldsymbol{S}_{2^N}}]\right\}\end{aligned} \tag{2-17}$$

其中，符号 $I\{\cdot\}$ 代表一个示性函数，这样 $B'_{\boldsymbol{S}_1}, B'_{\boldsymbol{S}_2}, \cdots, B'_{\boldsymbol{S}_{2^N}}$ 都可以根据公式（2-16）计算得到。

因此，公式（2-12）表示的信念状态向量转移函数可以改写为

$$\begin{aligned}b(\boldsymbol{B}' \mid \boldsymbol{B}, \boldsymbol{A}_1) = \sum_{\boldsymbol{O}\in\mathbb{O}}\Bigg(&I\left\{\boldsymbol{B}'=[B'_{\boldsymbol{S}_1}, B'_{\boldsymbol{S}_2}, \cdots, B'_{\boldsymbol{S}_{2^N}}]\right\}\cdot\\&\sum_{\boldsymbol{S}\in\mathbb{S}}\Big[z(\boldsymbol{O} \mid \boldsymbol{S}, \boldsymbol{A}_1)\cdot\sum_{\boldsymbol{S}'\in\mathbb{S}}p(\boldsymbol{S} \mid \boldsymbol{S}')\cdot B_{\boldsymbol{S}'}\Big]\Bigg)\end{aligned} \tag{2-18}$$

根据公式（2-7）给出的观察状态函数以及图 2.2 所示的系统马尔可夫状态转移过程，公式（2-16）中的分子可以表示为

$$\begin{aligned}&z_i(o_i \mid s_i, a_i^1)\cdot\sum_{s_i'\in\{0,1\}}p\big(s_i \mid s_i'\big)\cdot\theta_i^{s_i'}(t-1)\\&=\begin{cases}(1-\zeta_m)\cdot\vartheta_i^1, & \text{如果 } o_i=1, s_i=1, a_i^1=1\\ \zeta_f\cdot\vartheta_i^0, & \text{如果 } o_i=1, s_i=0, a_i^1=1\\ \zeta_m\cdot\vartheta_i^1, & \text{如果 } o_i=0, s_i=1, a_i^1=1\\ (1-\zeta_f)\cdot\vartheta_i^0, & \text{如果 } o_i=0, s_i=0, a_i^1=1\\ \vartheta_i^1, & \text{如果 } o_i=\phi, s_i=1, a_i^1=0\\ \vartheta_i^0, & \text{如果 } o_i=\phi, s_i=0, a_i^1=0\\ 0, & \text{其他情况}\end{cases}\end{aligned} \tag{2-19}$$

其中有：

$$\vartheta_i^1=(1-\alpha_i)\cdot\theta_i^1(t-1)+\beta_i\cdot\theta_i^0(t-1) \tag{2-20}$$

以及

$$\vartheta_i^0 = \alpha_i \cdot \theta_i^1(t-1) + (1-\beta_i) \cdot \theta_i^0(t-1) \tag{2-21}$$

2.3.4　资源协同配置策略

次级网络在感知决策阶段采取行动 $\boldsymbol{A}_1$ 后，将根据更新的估计状态向量和信念状态向量进入接入决策阶段。行动 2 的决策准则是最大化系统期望收益。因此，A_2 选取可以表示为

$$A_2^*(t) = \underset{A_2(t)\in\{a_u^2, a_o^2\}}{\arg\max} \ \mathbb{E}\left[R(t) \,|\, \boldsymbol{\Theta}^{\boldsymbol{S}}(t), A_2(t)\right] \tag{2-22}$$

次级网络在接入决策阶段前会根据感知决策阶段系统估计状态，比较衬垫式接入和填充式接入两种传输资源共享机制所带来的系统期望收益。如果次级网络选择衬垫式接入机制作为行动 2，也就是说 $A_2 = a_u^2$，那么在这种情况下可以计算出系统期望收益：

$$\begin{aligned}
&\mathbb{E}\left[R \,|\, \boldsymbol{\Theta}^{\boldsymbol{S}}, A_2 = a_u^2\right] \\
&= \sum_{i=1}^{N} \mathbb{E}\left[R_i \,|\, \theta_i^{s_i}, P_i = P_{\max}^u\right] \\
&= \sum_{i=1}^{N} \Big(\theta_i^1 \, R_{\text{ig}}\left(P_{\max}^u, N_i\right) + \theta_i^0 \, R_{\text{ig}}\left(P_{\max}^u, 0\right)\Big)
\end{aligned} \tag{2-23}$$

如果次级网络选择填充式接入机制作为行动 2，则有 $A_2 = a_o^2$。此时，次级网络将接入到最多 L 个它认为最有可能为空闲状态（most-likely-to-be-idle）的子信道，这些子信道的集合用 Ω 表示。次级网络将通过求解下面的优化问题来确定在这些被选择的子信道上的传输功率 P_i：

$$\begin{aligned}
\max_{P_i} \quad & \mathbb{E}\left[R \,|\, \boldsymbol{\Theta}^{\boldsymbol{S}}, A_2 = a_o^2\right], \\
\text{s.t.} \quad & P_{\max}^u \leqslant P_i \leqslant P_{\max}^o, \ i \in \Omega
\end{aligned} \tag{2-24}$$

在本章中，P_i^{o*} 用来表示次级用户在填充式接入机制下子信道 i 上的最优传输功率，其中 $i \in \Omega$。这样，次级网络选择填充式接入机制作为行动 2 时的系统期望收益为

$$
\begin{aligned}
&\mathbb{E}\left[R\,|\,\boldsymbol{\Theta}^{\boldsymbol{S}}, A_2 = a_o^2\right] \\
&= \sum_{i\in\Omega} \mathbb{E}\left[R_i\,|\,\theta_i^{s_i}, P_i = P_i^{o*}\right] \\
&= \sum_{i\in\Omega}\Big(\theta_i^1\left[R_{\text{ig}}\left(P_i^{o*}, N_i\right) + R_{\text{ip}}\left(P_i^{o*}, N_i\right)\right] + \theta_i^0 R_{\text{ig}}\left(P_i^{o*}, 0\right)\Big)
\end{aligned}
\tag{2-25}
$$

通过比较公式 (2-23) 和公式 (2-25) 所计算得到的系统期望收益，次级网络选择更优的传输资源共享机制作为行动 2 的决策。在我们的模型中，假设接入决策阶段的行动 2 不会影响系统的估计状态向量 $\boldsymbol{\Theta}^{\boldsymbol{S}}$。除此之外，假设次级网络在两个顺序决策阶段后只能得到实际的系统收益 R，不能够获得每个子信道准确的 CSI。

2.3.5 部分可观测马尔可夫决策模型

根据上述假设，可以构建一个完整的基于 POMDP 的异构网络传输资源协同配置模型，这个模型可以简单由一个五元组 $\langle\mathbb{S}, \mathbb{B}, \mathbb{A}, b, r\rangle$ 来描述。具体来说：

(1) **系统状态向量集合**: $\mathbb{S} = \{\boldsymbol{S}\}$ 表示所有可能的系统状态向量 $\boldsymbol{S}$ 的集合，其中 $\boldsymbol{S} = [s_1, s_2, \cdots, s_N]$；

(2) **信念状态向量集合**: $\mathbb{B} = \{\boldsymbol{B}\}$，它的每个元素 $\boldsymbol{B} = [B_{\boldsymbol{S}_1}, B_{\boldsymbol{S}_2}, \cdots, B_{\boldsymbol{S}_{2^N}}]$ 均为信念状态向量，表示次级网络根据信道监测结果所估计的系统状态向量 $\boldsymbol{\Theta}^{\boldsymbol{S}}$ 和实际可能的系统状态向量 $\boldsymbol{S} \in \mathbb{S}$ 的相似程度；

(3) **行动向量集合**: $\mathbb{A}$ 表示所有可能的行动决策的集合，有 $\boldsymbol{A} \in \mathbb{A}$，其中 $\boldsymbol{A} = [\boldsymbol{A}_1, A_2]$ 中的两个元素分别表示次级网络在感知决策阶段如何选取最多 M 个子信道进行观测，以及在接入决策阶段如何选取衬垫式接入机制或者填充式接入机制进行传输资源共享；

(4) **信念转移函数**: $b(\boldsymbol{B}' \mid \boldsymbol{B}, \boldsymbol{A}_1)$: $\mathbb{B}\times\mathbb{A}_1\times\mathbb{B} \mapsto [0,1]$，其中符号 “$\times$” 为笛卡儿积，$\boldsymbol{B}' \in \mathbb{B}$ 是下一时刻的信念状态向量；

(5) **收益函数**: $r(\boldsymbol{B}, \boldsymbol{A}_1, A_2)$: $\mathbb{B} \times \mathbb{A} \mapsto \mathbb{R}$，表示基于信念状态向量，在行动 1 和 行动 2 后计算得到的即时系统期望收益，有 $r(\boldsymbol{B}, \boldsymbol{A}_1, A_2) = \sum_{\boldsymbol{S}\in\mathbb{S}} B_{\boldsymbol{S}} \cdot R(\boldsymbol{S}, \boldsymbol{A}_1, A_2)$。

为了更好地理解所提出的 POMDP 架构，以及众多变量之间的内在联系，图 2.4 描绘了基于 POMDP 的异构网络传输资源协同配置模型中核心变量的转移以及变量间的内在联系。

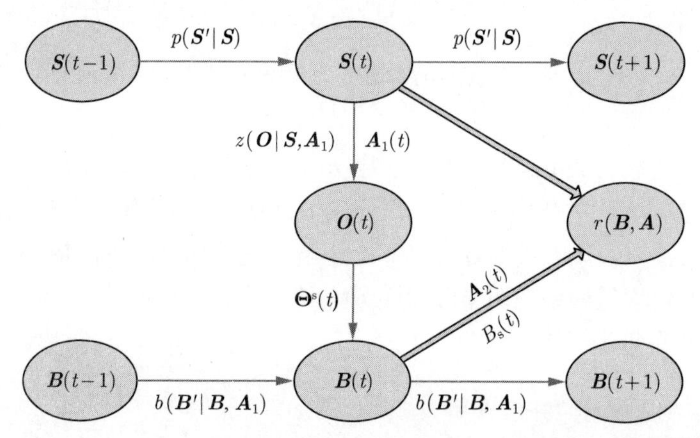

图 2.4　POMDP 架构中核心变量的转移以及变量间的内在联系

2.3.6　最优策略

根据上面的定义和假设，本研究利用信念状态向量及其转移函数成功地将离散的部分可观测的马尔可夫决策过程转化成一个连续的马尔可夫决策过程。为了寻找到每一个决策过程中次级网络的最优行动策略，定义 $G(t)$ 为从时刻 t 开始统计的累计贴现收益（discounted reward），并将它命名为回报函数（return）。回报函数 $G(t)$ 可以表示为

$$G(t)=\sum_{k=0}^{\infty}\gamma^k\cdot r\left[\boldsymbol{B}(t+k),\boldsymbol{A}_1(t+k),A_2(t+k)\right] \tag{2-26}$$

其中，贴现率 γ $(0\leqslant\gamma\leqslant 1)$ 表示未来系统收益对当前系统状态和用户决策的影响程度。较大的 γ 意味着异构网络系统中用户决策更看重未来的收益，称为“有远见的”（farsighted）；较小的 γ 意味着异构网络系统中用户决策更看重当前的收益，称为“短视的”（shortsighted）。次级网络决策的目标是根据信念状态向量最大化回报函数 $G(t)$。

这里正式定义策略（policy）为一个映射 π: $\boldsymbol{B}\mapsto\boldsymbol{A}$，其中 $\boldsymbol{B}\in\mathbb{B}$ 以及 $\boldsymbol{A}\in\mathbb{A}$。对于一个给定的策略值 $\pi(\boldsymbol{A}\mid\boldsymbol{B})$，它表示在信念状态向量 $\boldsymbol{B}$ 下，执行行动 $\boldsymbol{A}$ 的概率。考虑在一个特定的信念状态向量下具有

多种可能的策略值，定义基于信念状态向量的值函数 $V^{\pi}(\boldsymbol{B})$ 来表征期望的系统回报：

$$V^{\pi}(\boldsymbol{B}) = \mathbb{E}_{\pi}\left[G(t)|\boldsymbol{B}(t) = \boldsymbol{B}\right] \tag{2-27}$$

根据贝尔曼最优准则[120]，将 $V^{\pi}(\boldsymbol{B})$ 改写为基于马尔可夫状态转移的贝尔曼迭代形式：

$$\begin{aligned}
V^{\pi}(\boldsymbol{B}) &= \mathbb{E}_{\pi}\left[G(t)|\boldsymbol{B}(t) = \boldsymbol{B}\right] = \mathbb{E}_{\pi}\left[\sum_{k=0}^{\infty}\gamma^{k}\cdot r(t+k)|\boldsymbol{B}(t) = \boldsymbol{B}\right] \\
&= \mathbb{E}_{\pi}\left[r(t) + \gamma\sum_{k=0}^{\infty}\gamma^{k}\cdot r(t+k+1)|\boldsymbol{B}(t) = \boldsymbol{B}\right] \\
&= \sum_{\boldsymbol{A}\in\mathbb{A}}\pi(\boldsymbol{A}\mid\boldsymbol{B})\sum_{\boldsymbol{B}'\in\mathbb{B}}b(\boldsymbol{B}'\mid\boldsymbol{B},\boldsymbol{A})\cdot \\
&\quad \left(r(t) + \gamma\mathbb{E}_{\pi}\left[\sum_{k=0}^{\infty}\gamma^{k}\cdot r(t+k+1)|\boldsymbol{B}(t+1) = \boldsymbol{B}'\right]\right) \\
&= \sum_{\boldsymbol{A}\in\mathbb{A}}\pi(\boldsymbol{A}\mid\boldsymbol{B})\sum_{\boldsymbol{B}'\in\mathbb{B}}b(\boldsymbol{B}'\mid\boldsymbol{B},\boldsymbol{A})\left(r(t) + \gamma V_{\pi}(\boldsymbol{B}')\right)
\end{aligned} \tag{2-28}$$

其中，$r(t)$ 表示 $r[\boldsymbol{B}(t), \boldsymbol{A}_1(t), A_2(t)]$。

因此，可以求解出基于信念状态向量 $\boldsymbol{B}$ 的最优混合策略 π^*：

$$\begin{aligned}
\pi^*(\boldsymbol{A}\mid\boldsymbol{B}) &= \underset{\pi}{\operatorname{argmax}}\,\mathbb{E}_{\pi}\left[G(t)\mid\boldsymbol{B}(t) = \boldsymbol{B}, \boldsymbol{A}(t) = \boldsymbol{A}\right] \\
&= \underset{\pi}{\operatorname{argmax}}\sum_{\boldsymbol{A}\in\mathbb{A}}\pi(\boldsymbol{A}\mid\boldsymbol{B})\sum_{\boldsymbol{B}'\in\mathbb{B}}b(\boldsymbol{B}'\mid\boldsymbol{B},\boldsymbol{A})\left[r(t) + \gamma V^*(\boldsymbol{B}')\right]
\end{aligned} \tag{2-29}$$

同时，可以根据最优混合策略得到最优值函数：

$$\begin{aligned}
V^*(\boldsymbol{B}) &= \max_{\pi}\mathbb{E}_{\pi}\left[G(t)\mid\boldsymbol{B}(t) = \boldsymbol{B}, \boldsymbol{A}(t) = \boldsymbol{A}\right] \\
&= \max_{\pi}\sum_{\boldsymbol{A}\in\mathbb{A}}\pi(\boldsymbol{A}\mid\boldsymbol{B})\sum_{\boldsymbol{B}'\in\mathbb{B}}b(\boldsymbol{B}'\mid\boldsymbol{B},\boldsymbol{A})\left[r(t) + \gamma V^*(\boldsymbol{B}')\right]
\end{aligned} \tag{2-30}$$

在实际实施过程中，在每一个时刻，次级网络中的基站需要给所服务的次级用户提供唯一明确且可行的行动方案。为了确保算法收敛，有：

$$\pi^*(\boldsymbol{A}\mid\boldsymbol{B}) = \underset{\boldsymbol{A}\in\mathbb{A}}{\operatorname{argmax}}\sum_{\boldsymbol{B}'\in\mathbb{B}}b(\boldsymbol{B}'\mid\boldsymbol{B},\boldsymbol{A})\left[r(t) + \gamma V^*(\boldsymbol{B}')\right] \tag{2-31}$$

在该行动下，最优值函数可以按下式计算:

$$V^*(\boldsymbol{B}) = \max_{\boldsymbol{A}\in\mathbb{A}} \sum_{\boldsymbol{B}'\in\mathbb{B}} b(\boldsymbol{B}' \mid \boldsymbol{B}, \boldsymbol{A}) \left[r(t) + \gamma V^*(\boldsymbol{B}')\right] \tag{2-32}$$

算法 1 给出了求解上述迭代 POMDP 问题的最优解的过程，算法的基础是对信念状态向量 $\mathbb{B}$ 进行离散化。

算法 1 基于信念状态向量离散化的 POMDP 迭代优化算法

1: **离散化** $\boldsymbol{B} \in \mathbb{B}$;
2: **初始化** 针对所有离散化的 $\boldsymbol{B} \in \mathbb{B}$ 初始化 $V^{(0)}(\boldsymbol{B}) \leftarrow 0$ 以及 $\pi^{(0)}(\boldsymbol{A} \mid \boldsymbol{B})$;
3: **while** $\max\limits_{\boldsymbol{B}\in\mathbb{B}} |V^{(k+1)}(\boldsymbol{B}) - V^{(k)}(\boldsymbol{B})| > \epsilon$ **do**
4: 　**for** $\boldsymbol{B} \in \mathbb{B}$ **do**
5: 　　根据公式（2-18）计算：$b(\boldsymbol{B}' \mid \boldsymbol{B}, \boldsymbol{A})$;
6: 　　求解值函数：$V^{(k+1)}(\boldsymbol{B}) \leftarrow \max\limits_{\boldsymbol{A}\in\mathbb{A}} \sum\limits_{\boldsymbol{B}'\in\mathbb{B}} b(\boldsymbol{B}' \mid \boldsymbol{B}, \boldsymbol{A}) \left[r(k) + \gamma V^{(k)}(\boldsymbol{B}')\right]$;
7: 　　策略改进：$\pi^{(k+1)}(\boldsymbol{A} \mid \boldsymbol{B}) \leftarrow \operatorname*{argmax}\limits_{\boldsymbol{A}\in\mathbb{A}} V^{(k+1)}(\boldsymbol{B})$;
8: 　**end for**
9: **end while**
10: **返回** $V^{(k+1)}(\boldsymbol{B})$ 以及 $\pi^{(k+1)}(\boldsymbol{A} \mid \boldsymbol{B})$。

2.3.7 低复杂度求解方法

考虑求解 POMDP 问题需要搜索巨大的可行域空间，本节根据所构造的值函数的特殊形式[121]，将提出一个具有较低计算复杂度且能够得到近似最优解的算法。该算法建立在一个合理的假设上：次级网络选择接入一个较强信念的空闲子信道将得到更大的收益。公式（2-32）所构造的值函数是关于信念状态向量转移函数（2-18）分段线性且凸的。然而，信念状态向量转移函数是信念状态向量 $\boldsymbol{B}$ 的函数。不仅如此，根据公式（2-17），信念状态向量 $\boldsymbol{B}$ 可以由估计状态向量 $\boldsymbol{\Theta}$ 计算得到，在下文中，为了方便区分，使用符号“$\boldsymbol{\Theta}^1$”来表示估计状态向量，它在数学上等价于 $\boldsymbol{\Theta}$。

因此，可以近似地把值函数 $V(\boldsymbol{B})$ 写成一个关于 $\boldsymbol{\Theta}^1$ 的非线性多项式函数：

$$\tilde{V}(\boldsymbol{B}) \stackrel{\text{def}}{=} f(\boldsymbol{\Theta}^1) = \boldsymbol{\mu}^{\mathrm{T}} \phi(\boldsymbol{\Theta}^1) \tag{2-33}$$

其中，$\boldsymbol{\mu}=[\mu_0,\mu_1,\mu_2,\ldots]^{\mathrm{T}}$ 表示回归系数向量。同时 $\phi(\boldsymbol{\Theta}^1)$ 是 $\boldsymbol{\Theta}^1$ 的一个 N 维扩展向量。这种扩展向量并不唯一，本节采取以下 N 维扩展形式：

$$\phi(\boldsymbol{\Theta}^1)=\left[1,\theta_1^1,\cdots,\theta_N^1,\theta_1^1\theta_2^1,\cdots,\theta_{N-1}^1\theta_N^1,\cdots,\theta_1^1\theta_2^1,\cdots,\theta_N^1\right]^{\mathrm{T}} \tag{2-34}$$

对于共享 N 个子信道的异构系统，这个扩展向量的长度为 $|\phi(\boldsymbol{\Theta}^1)|=\sum\limits_{i=0}^{N}\binom{N}{i}$，因此有 $|\boldsymbol{\mu}|=\sum\limits_{i=0}^{N}\binom{N}{i}$。由于假设次级网络在感知决策阶段选择 M 个子信道监测（$M<N$），因此该扩展向量的长度可以减小到 $|\phi(\boldsymbol{\Theta}^1)|=\sum\limits_{i=0}^{M}\binom{N}{i}$。

算法 2 为所提出的 POMDP 资源协同配置模型给出了一个基于采样的低复杂度迭代解法。与 2.3.6 节中算法 1 离散化信念状态向量不同的是，算法 2 通过采样足够多的估计状态向量 $\boldsymbol{\Theta}^1$ 且基于最小均方准则来迭代地优化回归系数向量 $\boldsymbol{\mu}$。

算法 2　基于采样的低复杂度值迭代算法

1: 随机生成 X 个估计状态向量，例如 $\boldsymbol{\Theta}_{(1)}^1,\boldsymbol{\Theta}_{(2)}^1,\cdots,\boldsymbol{\Theta}_{(X)}^1$；
2: 根据公式（2-16）计算对应的信念状态向量 $\boldsymbol{B}_{(1)},\boldsymbol{B}_{(2)},\cdots,\boldsymbol{B}_{(X)}$；
3: **初始化** 针对所有的 $x=1,2,\cdots,X$ 初始化 $\boldsymbol{\mu}\leftarrow 0$，$\boldsymbol{\mu}'\leftarrow\infty$ 以及 $\overline{V}(\boldsymbol{B}_{(x)})\leftarrow 0$；
4: **while** $\max|\boldsymbol{\mu}-\boldsymbol{\mu}'|>\epsilon$ **do**
5: 　更新 $\boldsymbol{\mu}'\leftarrow\boldsymbol{\mu}$;
6: 　**for** $x=1,2,\cdots,X$ **do**
7: 　　$\overline{V}(\boldsymbol{B}_{(x)})\leftarrow\max\limits_{\boldsymbol{A}\in\mathbb{A}}\Big(r(\boldsymbol{B}_{(x)},\boldsymbol{A}_1,A_2)+\gamma\cdot\sum\limits_{\boldsymbol{B}'\in\mathbb{B}_X}b(\boldsymbol{B}'\,|\,\boldsymbol{B}_{(x)},\boldsymbol{A}_1)\cdot\overline{V}(\boldsymbol{B}')\Big)$;
8: 　**end for**
9: 　根据最小均方准则优化 $\boldsymbol{\mu}\leftarrow\underset{\boldsymbol{\mu}}{\operatorname{argmin}}\sum\limits_{x=1}^{X}\big(\boldsymbol{\mu}^{\mathrm{T}}\phi(\boldsymbol{\Theta}_{(x)}^1)-\overline{V}(\boldsymbol{B}_{(x)})\big)^2$;
10: **end while**
11: 返回 $\boldsymbol{\mu}$。

根据公式（2-33），可以由收敛后的回归系数向量 $\boldsymbol{\mu}$ 计算出近似最优的值函数值 $\tilde{V}(\boldsymbol{B})$。因此，对于一个给定的信念状态向量 $\boldsymbol{B}$，关于行动 $\boldsymbol{A}=\{\boldsymbol{A}_1,A_2\}$ 的累计期望收益可以由下面的公式计算：

$$Q(\boldsymbol{A}_1,A_2|\boldsymbol{B})=r(\boldsymbol{A}_1,A_2|\boldsymbol{B})+\gamma\sum_{\boldsymbol{B}'\in\mathbb{B}}b(\boldsymbol{B}'\,|\,\boldsymbol{B},\boldsymbol{A}_1)\cdot\tilde{V}(\boldsymbol{B}') \tag{2-35}$$

这样，可以得到近似最优的策略：

$$\pi^*(\boldsymbol{B}) = \underset{\boldsymbol{A}\in\mathbb{A}}{\operatorname{argmax}}\, Q(\boldsymbol{A}_1, A_2|\boldsymbol{B}) \tag{2-36}$$

值得注意的是，基于采样的低复杂度算法甚至可以扩展到次级网络没有任何先验子信道状态信息的场景。

2.4 仿真分析

2.4.1 基本参数设置

在仿真分析中，假设探测-通信异构系统可以共享 5 个子信道，有 $N=5$。这 5 个子通道具有相同的稳定状态下的信道占用率 $p_i^1=40\%$。每个子信道的带宽是 $W_i=10$ MHz，并且主用户的平均功率谱密度和高斯白噪声的平均功率谱密度分别为 $N_i=5\times10^{-7}$ W/Hz，$N_0=1\times10^{-7}$ W/Hz。假设衬垫式接入机制次级用户的最大允许传输功率为 $P_{\max}^u=2$ W，填充式接入机制次级用户的最大允许传输功率为 $P_{\max}^o=20$ W。除此之外，不失一般性，假设次级用户接收机功率增益、主用户发射机功率增益、主用户的接收机功率增益分别为 $g_{\rm sr}=g_{\rm pr}=g_{\rm sp}=1$。在仿真中，设定加权系数 $\lambda_C=1.15\times10^{-7}$ $({\rm b/s})^{-1}$ 以及 $\lambda_I=5$；贴现率 $\gamma=0.8$。

在这种情况下，根据 $R_i=R_{\rm ig}+R_{\rm ip}$，如果次级用户以衬垫式接入机制接入到一个空闲子信道，且接入功率为 $P_{\max}^u$ 时，则可以得到的收益为 2；如果以填充式接入机制接入到一个空闲子信道，且接入功率为 $P_{\max}^o$ 时，则可以得到的收益为 5。然而，如果次级用户以衬垫式接入机制接入到一个正在被占用的子信道，且接入功率为 $P_{\max}^u$ 时，则可以得到 0.5 的收益；如果以填充式接入机制接入到一个正在被占用的子信道，且接入功率为 $P_{\max}^o$ 时，则次级用户会对主用户产生严重的干扰，得到的惩罚为 -15。

在本节中，仿真所使用的计算机处理器为英特尔酷睿 i7-8700 @ 3.20 GHz，内存为 8 GB；仿真工具为 MATLAB R2016b。

2.4.2 仿真性能分析

通过仿真来验证所提出的基于 POMDP 的异构网络资源协同配置策略的有效性。这里假设次级用户在感知决策阶段和接入决策阶段均监测和接入 2 个子信道，也就是有 $M = L = 2$。异构系统中 5 个子信道由被占用状态转移到空闲状态的概率分别为 $\alpha = [15\%, 30\%, 45\%, 60\%, 75\%]$；由空闲状态转移到被占用状态的概率是 $\beta = [10\%, 20\%, 30\%, 40\%, 50\%]$。假设监测的虚警率为 $\zeta_f = 2\%$，漏检率为 $\zeta_m = 2\%$。根据算法 2，初始采样 5000 个估计状态向量用来优化回归系数向量 $\boldsymbol{\mu}$。

图 2.5 显示了前 20 个时刻次级用户在感知决策阶段的行动策略及得到的子信道估计状态，图中的实心圆点标记表示该子信道在此时刻被次级网络选择监测。实心圆点所对应的纵坐标表示子信道被估计为占用状态的概率值。这个概率值越大表示该子信道越有可能处于占用状态；反之，概率值接近于 0 表示该子信道越有可能处于空闲状态。从图中还可以看出，次级网络更倾向于选取该时刻最有可能为占用状态或者空闲状态的子信道进行监测。

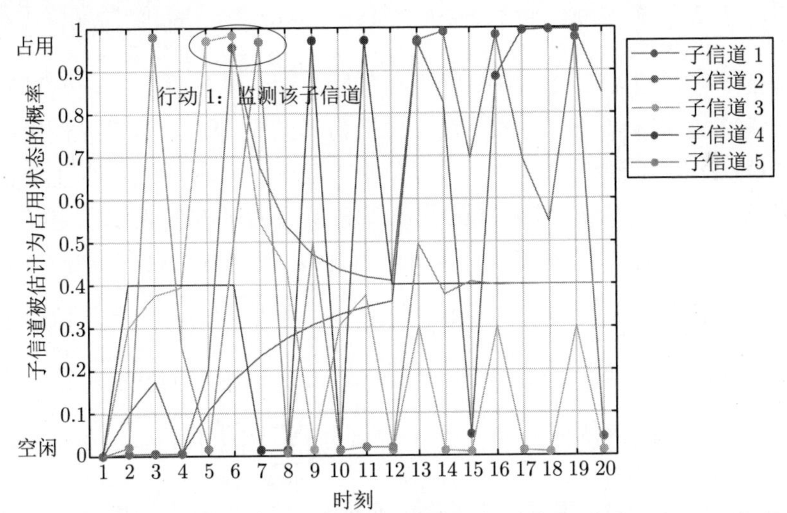

图 2.5　次级用户在感知决策阶段的行动策略及子信道估计状态（见文前彩图）

$N = 5$，$M = 2$，$L = 2$，$\alpha = [15\%, 30\%, 45\%, 60\%, 75\%]$，
$\beta = [10\%, 20\%, 30\%, 40\%, 50\%]$，$\zeta_f = 2\%$，$\zeta_m = 2\%$

图 2.6 给出了前 20 个时刻次级用户在接入决策阶段的行动策略及接入功率。对于衬垫式接入，次级用户以相同的较低功率与主用户共享所有子信道资源；对于填充式接入，次级用户只能以较高功率接入 2 个最有可能为空闲的子信道。上述两个仿真结果证明了我们提出的基于感知决策和接入决策协作的资源协同配置方法的有效性。

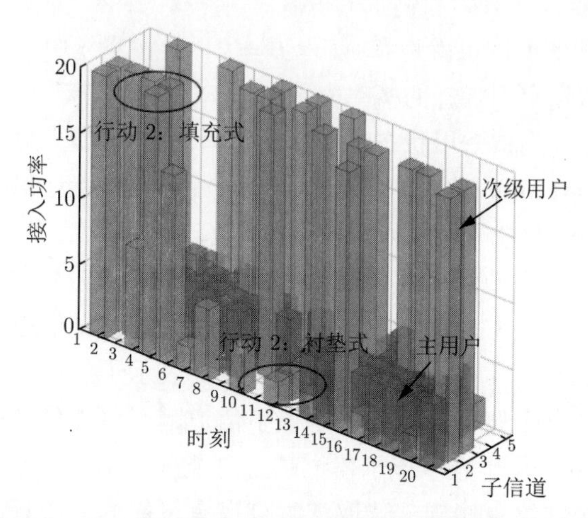

图 2.6　次级用户在接入决策阶段的行动策略及接入功率

$N=5$，$M=2$，$L=2$，$\alpha=[15\%, 30\%, 45\%, 60\%, 75\%]$，
$\beta=[10\%, 20\%, 30\%, 40\%, 50\%]$，$\zeta_f=2\%$，$\zeta_m=2\%$

接下来，将基于 POMDP 资源协同配置结果和具有完全信道信息下的最优决策结果进行对比。在下面的仿真结果图中，本研究提出的基于 POMDP 资源协同配置结果用“POMDP”来表示；具有完全信道信息下的最优决策结果用“Full info”表示。为了方便表示，定义一个新的变量：信道占用率 p^{on}，其中子信道 i 的信道占用率 p_i^{on} 与其信道状态转移概率 α_i 和 β_i 的关系为 $\beta_i=\dfrac{p_i^{\text{on}}}{1-p_i^{\text{on}}}\alpha_i$。除此之外，定义两个指标用来衡量 POMDP 机制与 Full info 机制下的性能。第一个指标是次级用户的可达速率 Λ，定义为 $\Lambda=\sum\limits_{n=1}^{N} I(n)\log[1+P_{\text{SU}}^n/(P_{\text{PU}}^n+N_0W_n)]$ b/(s · Hz)，其中示性函数 $I(n)=1$，如果次级用户接入子信道 n，则 $I(n)=0$。第二个指标是主用户的信噪比劣化 ΔSNR，定义为 $\Delta\text{SNR}=\varUpsilon N_0W_i/\left[\sum\limits_{n=1}^{N} I(n)P_{\text{SU}}^n+\varUpsilon N_0W_i\right]$，其中 $\varUpsilon$ 表示主用户占用子信道的个数，W_i 是对应子信道的带宽。主用户的信噪比劣化能够反映出次级用户接入信道后对主用户工作性能的影响程度。

图 2.7 和图 2.8 分别展示了全信息和部分观测信息条件下次级用户的可达速率、主用户的信噪比劣化与信道占用率的关系 p_i^{on}。这里 5 个子

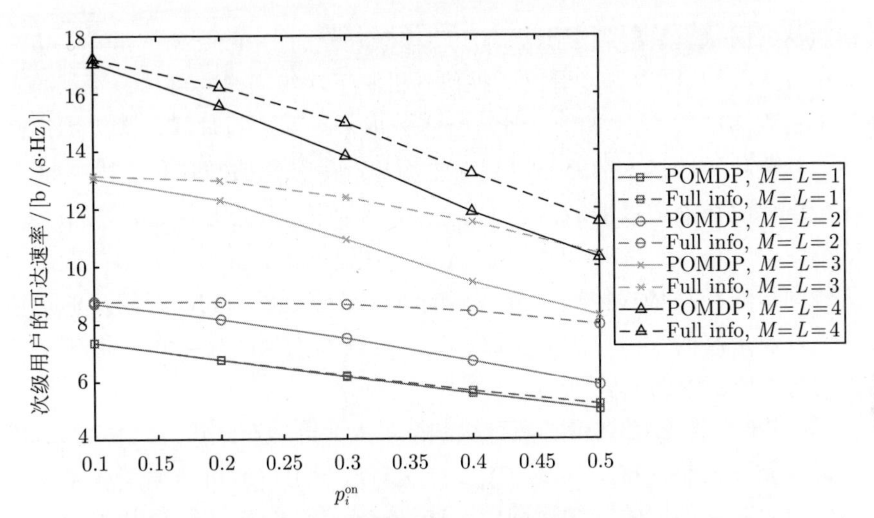

图 2.7　全信息和部分观测信息条件下次级用户的可达速率与信道占用率的关系（见文前彩图）

$N=5$，$\alpha=[15\%, 30\%, 45\%, 60\%, 75\%]$，$P_{\max}^{u}=2$ W，$P_{\max}^{o}=20$ W，$\zeta_f=2\%$, $\zeta_m=2\%$

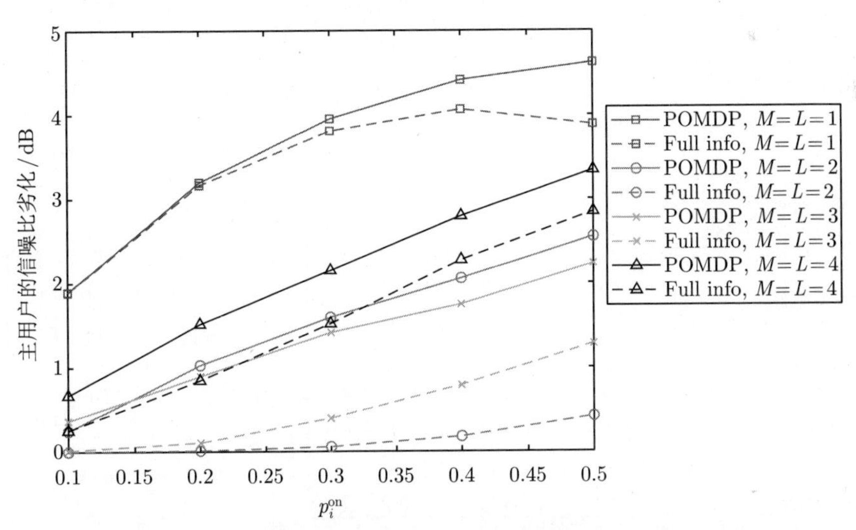

图 2.8　全信息和部分观测信息条件下主用户的信噪比劣化与信道占用率的关系（见文前彩图）

$N=5$，$\alpha=[15\%, 30\%, 45\%, 60\%, 75\%]$，$P_{\max}^{u}=2$ W，$P_{\max}^{o}=20$ W，$\zeta_f=2\%$, $\zeta_m=2\%$

信道从占用状态转移到空闲状态的转移概率分别为 $\alpha = [15\%, 30\%, 45\%, 60\%, 75\%]$。从图中可以看出两种仿真机制下次级用户的可达速率都随着信道占用率的提高而下降。因为当信道越来越繁忙的时候，次级用户必须选择更稳健的接入策略，以免对主用户产生强烈的冲突和干扰。此外，还可以看出在信道繁忙的情况下，主用户的信噪比劣化会变得更加严重。值得注意的是，当 $M = L = 1$ 的时候，通过简单计算可以看出次级用户更倾向于选择衬垫式传输资源共享的方式，导致最小的次级用户的可达速率以及最高的主用户的信噪比劣化。这是因为当次级网络只监测 1 个信道时，所获得的 CSI 最少。

图 2.9 ~ 图 2.12 展示了两种机制下最大允许填充式接入功率 $P_{\max}^{o}$ 以及最大允许衬垫式接入功率 $P_{\max}^{u}$ 分别对次级用户的可达速率和主用户的信噪比劣化的影响。这里固定 $M = L = 3$，5 个子信道从占用状态转移到空闲状态的转移概率分别为 $\alpha = [15\%, 30\%, 45\%, 60\%, 75\%]$。从图 2.9 和图 2.10 中可以看出，最大允许填充式接入功率较大有助于提高次级用户的可达速率，而主用户的信噪比劣化并不会因为 $P_{\max}^{o}$ 增大而发生显著变化，这是由于监测到冲突时，次级用户更愿意以衬垫式接入机制共享主用户的信道。

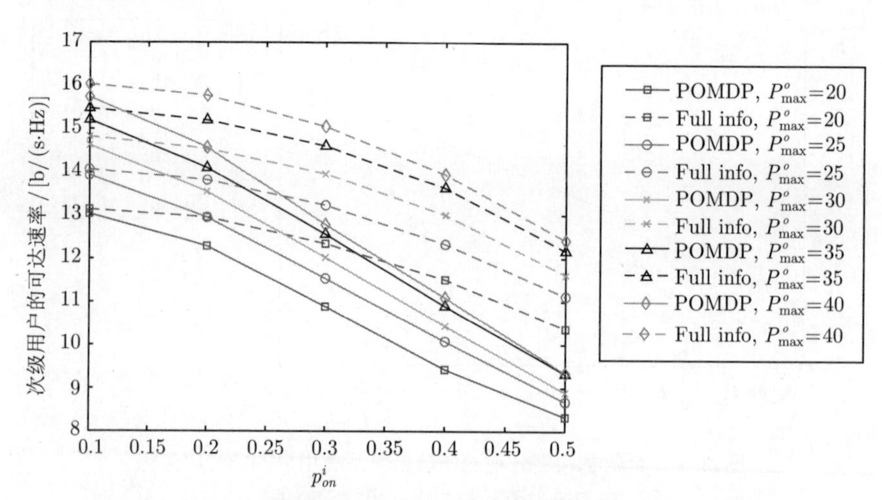

图 2.9　最大允许填充式接入功率 $P_{\max}^{o}$ 影响下次级用户的可达速率与信道占用率的关系（见文前彩图）

$N = 5$，$M = L = 3$，$\alpha = [15\%, 30\%, 45\%, 60\%, 75\%]$，$P_{\max}^{u} = 2$ W，
$\zeta_f = 2\%, \zeta_m = 2\%$

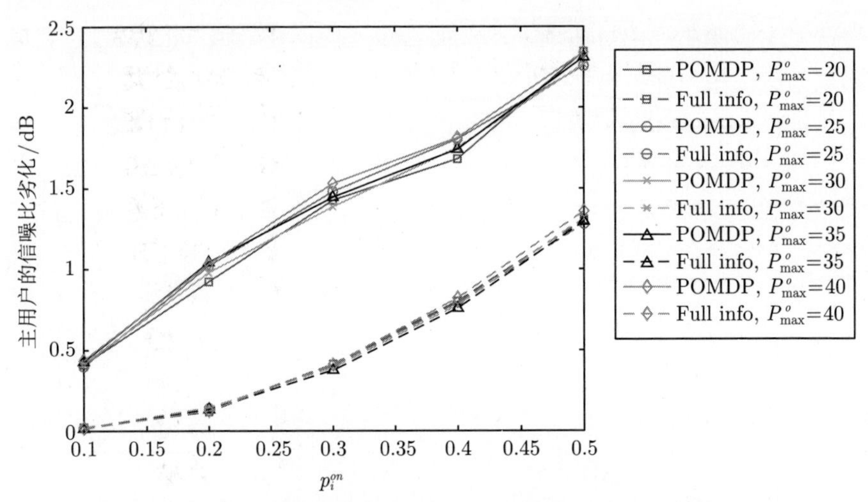

图 2.10　最大允许填充式接入功率 $P^o_{\max}$ 影响下主用户的信噪比劣化与信道占用率的关系（见文前彩图）

$N=5$，$M=L=3$，$\alpha=[15\%, 30\%, 45\%, 60\%, 75\%]$，

$P^u_{\max}=2$ W，$\zeta_f=2\%$, $\zeta_m=2\%$

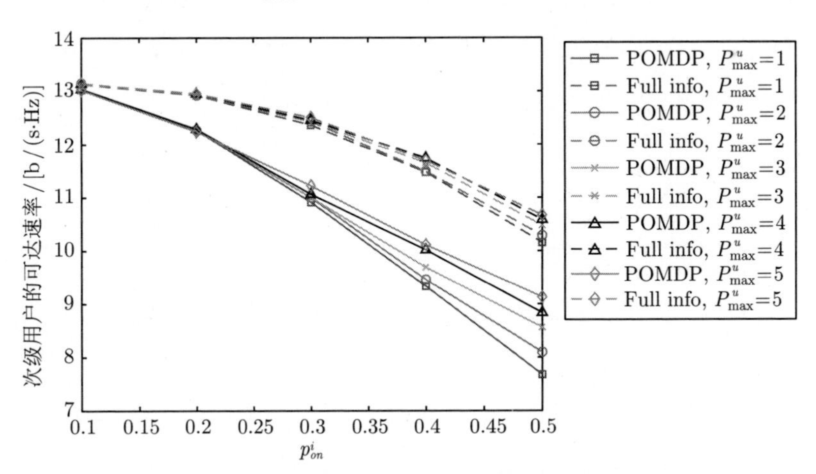

图 2.11　最大允许衬垫式接入功率 $P^u_{\max}$ 影响下次级用户的可达速率与信道占用率的关系（见文前彩图）

$N=5$，$M=L=3$，$\alpha=[15\%, 30\%, 45\%, 60\%, 75\%]$，

$P^o_{\max}=20$ W，$\zeta_f=2\%$, $\zeta_m=2\%$

然而，如图 2.11 和图 2.12 所示，次级用户的可达速率以及主用户的信噪比劣化均随着最大允许衬垫式接入功率 $P^u_{\max}$ 的提高而增大。当信道状态较为空闲的时候，次级用户更倾向于选择填充式接入，此时 $P^o_{\max}$ 主

要决定了次级用户的可达速率；然而当信道变得越来越繁忙，$P_{\max}^u$ 会成为提高次级用户的可达速率的主导因素。

图 2.13 ~ 图 2.16 展示了感知决策阶段次级网络的监测虚警率 ζ_f 以

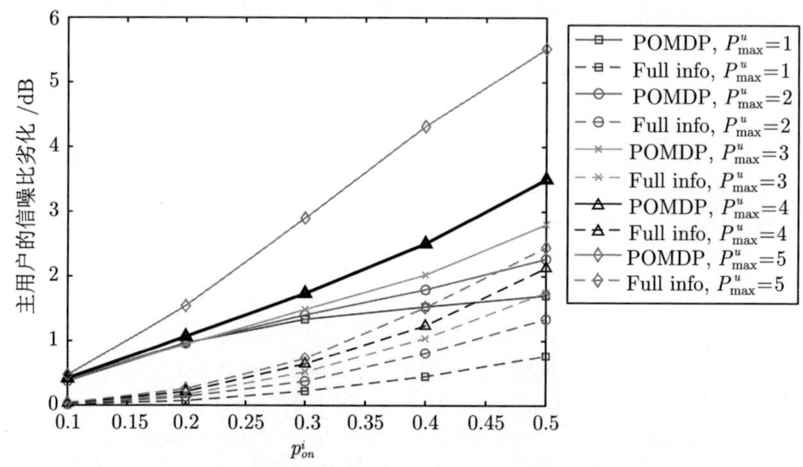

图 2.12　最大允许衬垫式接入功率 $P_{\max}^u$ 影响下主用户的信噪比劣化与信道占用率的关系（见文前彩图）

$N=5$，$M=L=3$，$\alpha=[15\%, 30\%, 45\%, 60\%, 75\%]$，$P_{\max}^o=20$ W，$\zeta_f=2\%$，$\zeta_m=2\%$

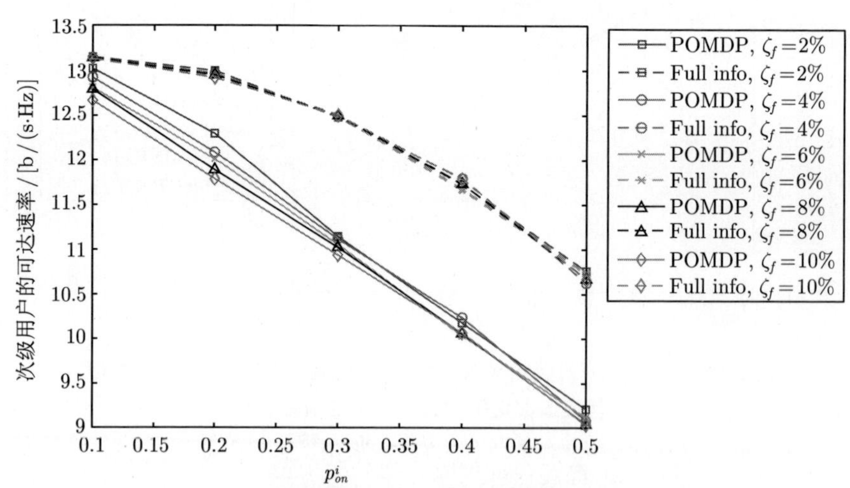

图 2.13　监测虚警率 ζ_f 影响下次级用户的可达速率与信道占用率的关系（见文前彩图）

$N=5$，$M=L=3$，$\alpha=[15\%, 30\%, 45\%, 60\%, 75\%]$，$P_{\max}^u=2$ W，$P_{\max}^o=20$ W，$\zeta_m=2\%$

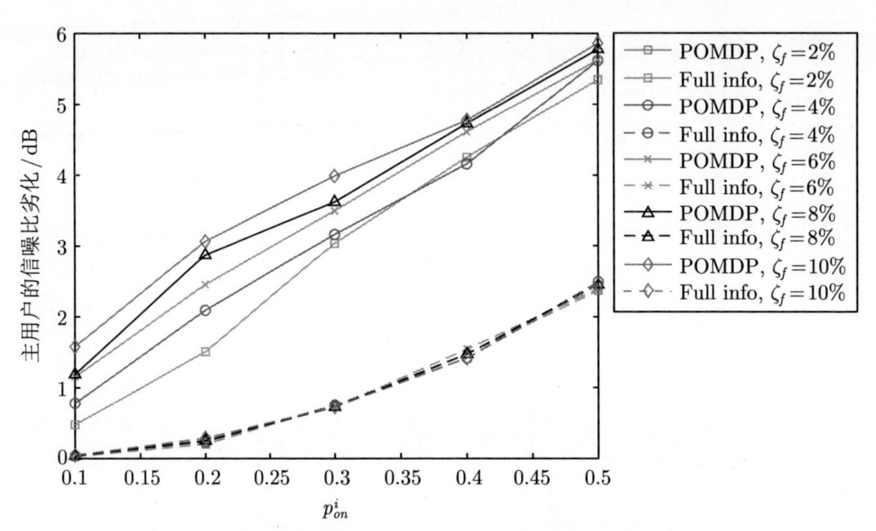

图 2.14　监测虚警率 ζ_f 影响下主用户的信噪比劣化与信道占用率的关系（见文前彩图）

$N=5$，$M=L=3$，$\alpha=[15\%, 30\%, 45\%, 60\%, 75\%]$，$P_{\max}^u=2$ W，$P_{\max}^o=20$ W，$\zeta_m=2\%$

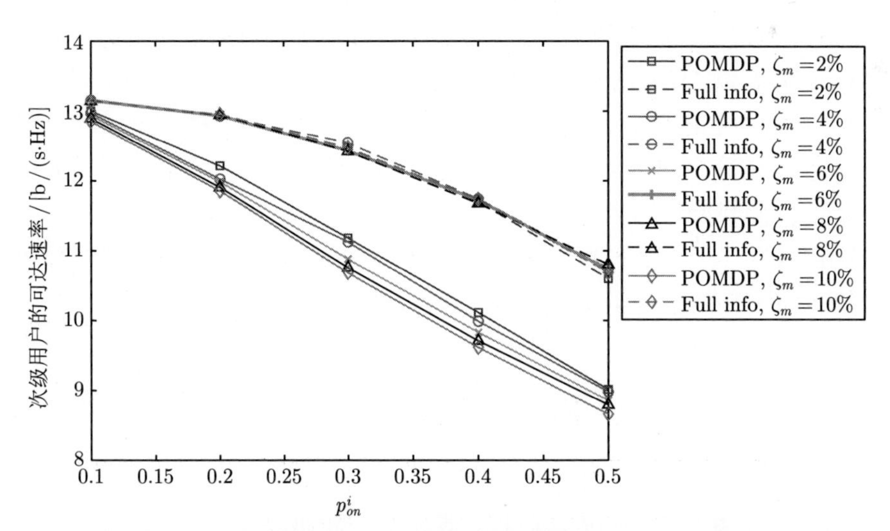

图 2.15　监测漏检率 ζ_m 影响下次级用户的可达速率与信道占用率的关系（见文前彩图）

$N=5$，$M=L=3$，$\alpha=[15\%, 30\%, 45\%, 60\%, 75\%]$，$P_{\max}^u=2$ W，$P_{\max}^o=20$ W，$\zeta_f=2\%$

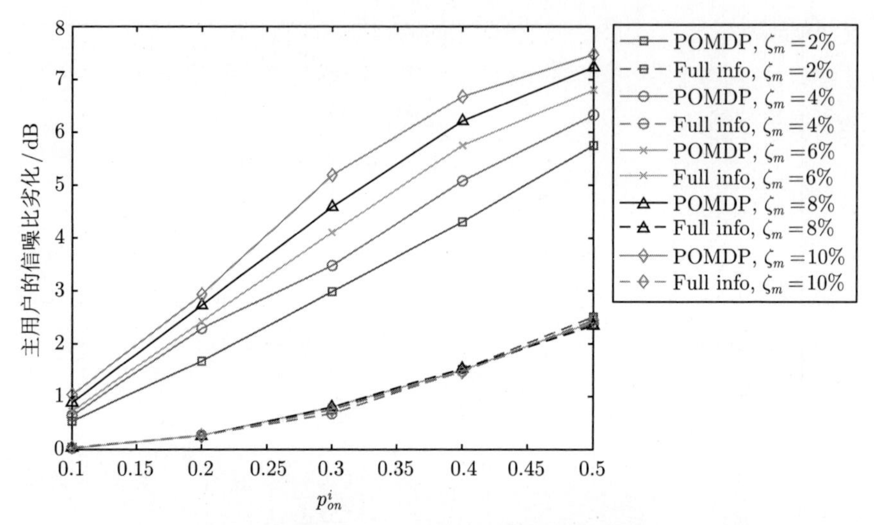

图 2.16 监测漏检率 ζ_m 影响下主用户的信噪比劣化与信道占用率的关系（见文前彩图）

$N = 5$，$M = L = 3$，$\alpha = [15\%, 30\%, 45\%, 60\%, 75\%]$，$P^u_{\max} = 2$ W，$P^o_{\max} = 20$ W，$\zeta_f = 2\%$

及漏检率 ζ_m 分别对次级用户的可达速率以及主用户的信噪比劣化的影响。同样，以 $M = L = 3$ 为例，5 个子信道从占用状态转移到空闲状态的转移概率分别为 $\alpha = [15\%, 30\%, 45\%, 60\%, 75\%]$。由于 Full info 机制是在准确的完全的子信道状态信息下进行决策，监测虚警率 ζ_f 以及漏检率 ζ_m 对该机制决策下的性能没有影响。对于基于 POMDP 的传输资源协同机制来说，较大的监测虚警率 ζ_f 和漏检率 ζ_m 均会降低次级用户的可达速率，同时会增加主用户的信噪比劣化程度。

2.5 本章小结

本章以探测-通信异构网络为场景，探索高效、智能的异构网络传输资源协同配置与优化的方法。根据探测系统和通信系统的工作特性提出了一个基于 POMDP 决策模型下的资源共享机制。首先，将整个决策机制分为感知决策阶段和接入决策阶段，并构建系统状态向量集合、估计状态向量集合、信念状态向量集合、信念状态向量转移函数、行动向量集合、系统收益函数等所需要的基本变量。基于信念状态向量及其转移函数，将离散的 POMDP 问题转化成为连续的 MDP 问题。其次，根据贝尔曼最优性原理以及对值函数的迭代求解，确定了最优传输资源协同配置和优化策略。

考虑求解连续的 MDP 问题需要对巨大的可行域空间进行搜索，为了提高算法效率，本章根据值函数的分段线性和凸性提出了一个具有较低计算复杂度的近似寻找最优解的算法。该算法将值函数近似改写成为特殊的函数形式，通过采样足够多的估计状态向量且基于最小均方准则来迭代求解构造的回归系数向量，进而得到近似最优的值函数值和近似最优策略。此外，本章所提出的基于采样的低复杂度算法可以扩展到次级网络没有任何先验子信道状态信息的场景。仿真结果显示，与完全子信道状态信息最优决策机制相比，基于采样的低复杂度值迭代算法能够提供近似的最优策略，且大幅地提高了计算和搜索效率。

为优化网络资源配置，提高异构网络整体性能，本章基于不完全信息认知学习的典型方法 POMDP，从建模、求解到仿真，完整地提出了一种传输资源协同配置机制。该资源协同配置机制能够很好地匹配异构网络业务突发特性和有限的可用信道资源，很好地协调了多网络之间的业务需求与资源利用，可以有效提高异构信息网络的资源利用率并降低资源使用的冲突和干扰。

第 3 章　基于分布式联合优化的空天地异构网络资源协同配置

3.1　本章引言

无人机（unmanned aerial vehicles，UAV）已经在军事监视和打击、民用监测和救援等领域取得了巨大的成功。由于成本低廉、部署容易、移动完全可控以及对地面的视距通信（line of sight，LOS）可行等因素，在无人机增强下的异构无线通信网络已经成为研究的热点。本章将以卫星、无人机和地面基站构成的异构无线通信网络为场景，探索基于无人机的位置部署、用户功率控制联合优化的资源协同配置方法。

无人机通信网络和传统的卫星通信网络、地面蜂窝网络共同构成空-天-地三个层次的异构通信网络。该网络不仅可以提供无缝的信息覆盖，还可以提高现有通信网络的容量，支持日益繁荣的物联网（internet of things，IoT）[122-123]。具体来说，作为空-天-地异构网络中“地维”的地面蜂窝网络可以提供基本的宽带信息服务；作为“空维”的卫星通信网络超宽的波束覆盖和广播服务能够提供全域的信息覆盖[124]；作为“天维”的无人机通信网络可以对现有的信息网做一个很好的补充和增强。配置了各种各样载荷的无人机节点可以作为一个随需的空中移动基站（aerial mobile base station，AMBS），其具有接收和转发信息的能力，甚至可以具有机上处理信息的能力 [125-126]。在偏远的地面信息基础设施不健全的地方，相比于昂贵的且窄带的卫星通信，无人机通信网络可以提供价格低廉的宽带信息服务；在用户密集的地方，这些空中移动基站可以帮助卸载地面蜂窝基站的业务流量，缓解地面蜂窝网的拥塞程度，保障对时延和速率等服务质量（quality of service，QoS）要求较高的应用 [127-128]；针对突发事件、灾难或在地面信息基础设施被破坏的环境下，可以基于部署灵活的无人机节点构建应急通信系统[129]。此外，无人机通信网络可以为能量受限的物联网节点提供有效的信息收集和定位的解决方案[130]。

作为构建空-天-地异构网络中的一项关键技术，从物理层到网络层的无人机辅助下的通信技术已经被广泛研究。在文献 [131] 中，作者通过场地实验建模了无人机节点和地面节点的路径损失指数和阴影衰落。文献 [132] 设计了一个基于优化无人机运动路径的高能效通信模型，该模型兼顾了通信系统的能量消耗以及网络的吞吐量。另外，文献 [133] 为多无人机通信网络提出了一个高效的运动轨迹规划机制，不仅提高了网络的吞吐量还降低了通信延时。在文献 [134] 中，作者考虑了无人机通信网络和位于它下方的设备到设备通信网络（device-to-device，D2D）同时存在的场景，并研究了异构网络协作下的信息覆盖和通信速率问题。上述文献主要通过设计无人机的位置和路径，研究无人机通信网络或由其构成的异构信息网络的覆盖、吞吐量、时延等问题。

由于传输资源的稀缺，异构网络中不同单位协同利用信道资源已经成为一个趋势。具体来说，C 波段、Ku 波段以及 Ka 波段已经被用来作为空-地可靠宽带通信的频段。然而，第五代移动通信系统（the fifth generation wireless systems，5G）也试图使用更高频率的毫米波来提供低延时、高速率的信息服务[135-137]，这些频段已经广泛被空基、天基信息网络所采用[138-141]。因此，研究空-天-地异构网络资源协同配置与优化理论能够提高网络中空间资源、时间资源和频谱资源的利用率，还可以减少跨层、跨域的干扰，提高信息服务质量[142-144]。

相比于传统的空-地网络，考虑到在空-天-地三层异构网络中增加了一个新的维度，在传输资源协同利用的过程中，无人机通信网络中的用户不可避免地会对卫星通信网络和地面蜂窝网络中的用户产生干扰，同理，卫星通信网络和地面蜂窝网络的用户也会对无人机通信网络的性能产生影响。因此，在空-天-地三层异构网络中，不同网络用户间的跨层干扰是有效利用有限传输资源，提高系统整体性能的关键[145]。除此之外，考虑到无人机节点的灵活移动及功率限制，对无人机节点的有效部署不仅可以保障天基节点的飞行安全，同时也可以针对业务的突发性，提高对用户的服务质量（quality of service，QoS）。

本章面向空-天-地异构网络场景，创新性地提出了一个基于无人机悬停高度和功率控制联合优化的异构网络资源协同配置机制，同时满足两种具有不同服务质量要求的用户[146-148]。本章的研究内容和主要贡献分为以下三点：

（1）充分利用无人机通信网络部署灵活的特性，本章首次研究了空-天-地三层异构信息网络下的多用户资源协同配置问题，通过联合优化无人机节点的悬停高度以及无人机通信网络的用户关联和功率控制，缓解了三层网络之间的跨层干扰，保证每个网络中各级用户的 QoS。

（2）本章将联合优化问题的求解过程分解为两个子优化问题的迭代优化求解过程。针对第一个无人机通信网络的用户关联和功率控制的子优化问题，利用拉格朗日对偶分解（Lagrange dual decomposition）的方法对松弛后得到的凸优化问题进行求解；将无人机节点悬停高度优化的问题建模成为一个差分凸规划问题，利用凹-凸过程（concave-convex procedure，CCP）算法对第二个子优化问题进行求解。

（3）仿真分析评估了本研究所提出的异构信息网络下的资源协同配置问题的可行性和有效性。仿真结果表明，该机制可以在保证卫星通信网络和地面蜂窝网络正常工作的前提下，显著地提高了无人机通信网络的总的吞吐量。同时，本研究所设计的资源协同配置机制可以使对 QoS 不同要求的用户更公平合理地使用信道资源。

本章内容安排如下。 3.2 节介绍了系统模型并构建了空时频资源协同配置问题模型。3.3 节根据问题建模，提出了一种基于位置和功率联合优化的协同配置策略，根据拉格朗日对偶分解和差分凸规划方法推导出了最优解的迭代求解公式。3.4 节详细给出了上述双阶段资源协同配置迭代优化算法及其复杂度分析，同时提出了一个低计算复杂度的贪心算法。在 3.5 节中，充分的仿真实验验证了所设计的空时频资源协同配置方法的有效性和优越性。3.6 节总结了本章内容。

3.2 系统模型和问题建模

3.2.1 空-天-地异构网络

本章考虑一个三层异构网络，如图 3.1 所示，该异构网络包括由一个静止轨道卫星（geosynchronous earth orbit，GEO）和其服务的用户组成的卫星通信系统，由一个地面宏蜂窝基站（marcocell base station，MBS）和其服务的用户组成的地面蜂窝通信系统，以及一个由 M 个无人机通信网络和其服务的用户组成的多无人机辅助的通信系统。三个系统共享信道资源。在每一个无人机通信网络中，用户由一个悬停的小型无人机服务。h_m 表示第 m 个无人机的悬停高度。假设本章仅考虑由 M 个无人机组成的无人机通信网络服务用户的覆盖范围和卫星通信网络以及地面宏蜂窝网络服务用户的覆盖范围相重叠的部分。不失一般性，本章仅考虑无人机通信网络用户上行功率的控制问题，无人机通信网络的下行功率控制问题可以对应建模和求解。同时，为了方便计算，假设卫星通信用户的上行功率和大蜂窝通信用户的上行功率相等。

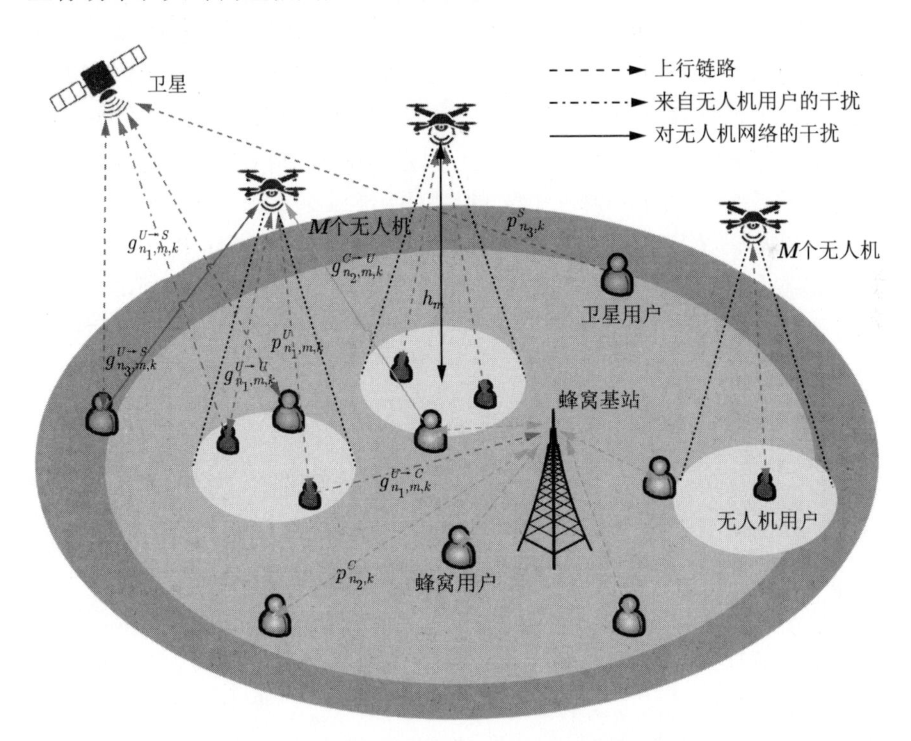

图 3.1　基于卫星通信系统、无人机通信系统和地面蜂窝系统的三层异构网络模型

系统的总带宽为 B，且总带宽为 B 的信道被分成了 K 个子信道。在地面蜂窝网络中，宏基站 MBS 和它服务的用户之间的信道为频率选择性瑞利衰落；在无人机通信网络中，无人机节点和所服务的地面用户之间以视距

通信为主；在卫星通信网络中，卫星和地面用户之间的信道为莱斯衰落。

N_S 和 N_C 分别表示卫星网络 GEO 服务的用户数量和地面蜂窝网络 MBS 服务的用户数量。N_U 为 M 个无人机通信网络服务的用户数量的总和。假设卫星通信网络用户和蜂窝网络用户在重叠覆盖区域内均匀分布。在本章中，无人机通信网络服务两种用户，且两种用户对 QoS 有不同的要求。在这里，假设一共有 N_{uh} 个用户具有较高的传输速率要求 R_h；有 N_{ul} 个用户具有较低的传输速率要求 R_l，因此有 $N_{uh}+N_{ul}=N_U$。$\mathbb{N}_{uh}$ 和 $\mathbb{N}_{ul}$ 分别表示较高 QoS 要求和较低 QoS 要求的用户集合，可以得到 $|\mathbb{N}_{uh}|=N_{uh}$，$|\mathbb{N}_{ul}|=N_{ul}$ 以及 $\mathbb{N}_{uh}\bigcap\mathbb{N}_{ul}=\varnothing$。

用 $g_{n_1,m,k}^{U\to S}$ 表示第 m 个无人机子网中的用户 n_1 在子信道 k 上对 GEO 的信道增益；$g_{n_1,m,k}^{U\to C}$ 表示第 m 个无人机子网中的用户 n_1 在子信道 k 上对 MBS 的信道增益；$g_{n_1,m,k}^{U\to U}$ 表示第 m 个无人机子网中的用户 n_1 在子信道 k 上对所在子网悬停的无人机的信道增益，其中 $n_1\in\{1,2,\cdots,N_U\}$，$m\in\{1,2,\cdots,M\}$ 以及 $k\in\{1,2,\cdots,K\}$。为了简化推导，考虑到地面用户与 GEO 的空间距离很远，模型中 $g_{n_1,m,k}^{U\to S}$ 可以被近似看作一个常数。$g_{n_1,m,k}^{U\to C}$ 由无人机用户和地面 MBS 的实际距离和信道状态共同决定。假设无人机的服务半径相对于其飞行高度可以忽略不计，因此 $g_{n_1,m,k}^{U\to U}$ 仅由第 m 个无人机的悬停高度 h_m 决定，可以表示为

$$g_{n_1,m,k}^{U\to U}=\frac{\kappa}{h_m^2} \tag{3-1}$$

其中，κ 表示单位距离 $h_r=1$ m 下的单位功率增益。此外，$g_{n_2,m,k}^{C\to U}$ 表示地面蜂窝网络中的用户 n_2 在子信道 k 上对第 m 个无人机的信道增益；$g_{n_3,m,k}^{S\to U}$ 表示卫星网络中的用户 n_3 在子信道 k 上对第 m 个无人机的信道增益，其中 $n_2\in\{1,2,\cdots,N_C\}$ 以及 $n_3\in\{1,2,\cdots,N_S\}$。

在系统模型中，$p_{n_2,k}^C$ 和 $p_{n_3,k}^S$ 分别表示蜂窝网用户 n_2 和卫星网用户 n_3 在第 k 个子信道上的上行传输功率，$p_{n_1,m,k}^U$ 表示无人机通信网用户在第 k 个子信道上的上行传输功率。用功率控制矩阵 $\mathbf{P}_{N_U\times M\times K}$ 表示 M 个无人机通信网络中所有用户的上行传输功率情况，有 $[\mathbf{P}]_{n_1,m,k}=p_{n_1,m,k}^U$。同时，定义信道指示矩阵 $\mathbf{A}_{N_U\times M\times K}$，其中 $[\mathbf{A}]_{n_1,m,k}=a_{n_1,m,k}$。具体来说，$a_{n_1,m,k}=1$ 代表子信道 k 被第 m 个无人机子网中的用户 n_1 所占用，反之，$a_{n_1,m,k}=0$。信道中的加性高斯白噪声（additive white Gaussian noise，AWGN）的功率谱密度为 σ^2。因此，当无人机用户 n_1 接入到子信道 k 时，无人机 m 所接收到的信号噪声干扰比（signal-to-interference-plus-noise ratio，SINR）可以由公式（3-2）计算：

$$\gamma_{n_1,m,k} = \frac{p^U_{n_1,m,k} g^{U\to U}_{n_1,m,k}}{g^{C\to U}_{n_2,m,k} p^C_{n_2,k} + g^{S\to U}_{n_3,m,k} p^S_{n_3,k} + \sigma^2} \tag{3-2}$$

其中 $g^{C\to U}_{n_2,m,k} p^C_{n_2,k}$ 是地面蜂窝网用户带来的干扰；$g^{S\to U}_{n_3,m,k} p^S_{n_3,k}$ 表示卫星网用户带来的干扰。在这里，只允许每个网络中接受服务的用户在每一时刻只能分别有最多一个用户接入到同一个子信道。此外，假设无人机通信网络用户装配有全向天线，无人机子网之间的相互干扰可以通过相关的信号处理和协作机制进行消除，这里不再考虑。

根据香农公式[149]，无人机用户 n_1 接入到子信道 k 的信道容量可以表示为

$$C_{n_1,m,k} = \frac{B}{K} \log_2 (1 + \gamma_{n_1,m,k}) \tag{3-3}$$

3.2.2 空时频资源协同配置

本节将阐述在空天地异构网络场景中，无人机通信网络上行资源协同配置问题。此外，根据信道的互易性，用户可以通过无人机节点得到信道状态信息（channel state information，CSI）以及最后计算出的上行资源协同配置策略。

3.2.3 约束定义

在上行资源协同分配问题中，我们的目标是在以下约束条件下最大化 M 个无人机通信网络的总系统容量。

（1）**无人机用户的功率约束**：在无人机通信网络中，每个用户的最大上行传输功率为 $P^U_{\max}$。由于无人机用户可以复用全部 k 个子信道，针对 $\forall n_1 \in \{1,2,\cdots,N_U\}$ 以及 $\forall m \in \{1,2,\cdots,M\}$，有

$$\sum_{k=1}^{K} a_{n_1,m,k} p^U_{n_1,m,k} \leqslant P^U_{\max} \tag{3-4}$$

此外，功率的非负性要求 $p^U_{n_1,m,k} \geqslant 0$。

（2）**无人机安全飞行和悬停高度约束**：为了保障 M 个协作的无人机的飞行安全，考虑利用不同高度悬停的无人机进行分层部署。无人机的悬停高度范围是 $[h_{\min}, h_{\max}]$，且满足：

$$\sum_{i,j\in\mathbb{M},i\neq j}(h_i-h_j)^2\geqslant\chi^2 \tag{3-5}$$

其中，χ^2 是为了保障安全飞行和悬停的最小门限值，$\mathbb{M}$ 表示 M 个无人机的集合。对于 $\forall i,j\in\mathbb{M}$，有 $h_{\min}\leqslant h_i,h_j\leqslant h_{\max}$。

（3）**两类用户 QoS 约束**：QoS 需求较高的用户对传输速率 R_h 的约束可以表示为

$$\sum_{k=1}^{K}a_{n_{uh},m,k}C_{n_{uh},m,k}\geqslant R_h \tag{3-6}$$

其中，$\forall n_{uh}\in\mathbb{N}_{uh}$ 以及 $\forall m\in\{1,2,\cdots,M\}$。同理，QoS 需求较低的用户对传输速率 R_l 的约束可以表示为

$$\sum_{k=1}^{K}a_{n_{ul},m,k}C_{n_{ul},m,k}\geqslant R_l \tag{3-7}$$

其中，$\forall n_{ul}\in\mathbb{N}_{ul}$ 以及 $\forall m\in\{1,2,\cdots,M\}$。

（4）**地面蜂窝干扰限制约束**：无人机通信网络与地面蜂窝网共享信道资源，因此地面蜂窝网会受到来自 M 个无人机通信网络服务用户的跨层干扰。I_k^C 表示地面蜂窝网子信道 k 的干扰门限，对 $\forall k\in\{1,2,\cdots,K\}$，可以得到：

$$\sum_{m=1}^{M}\sum_{n_1=1}^{N_U}a_{n_1,m,k}p_{n_1,m,k}^{U}g_{n_1,m,k}^{U\to C}\leqslant I_k^C \tag{3-8}$$

（5）**卫星网络干扰限制约束**：与地面蜂窝网相似，卫星通信网络也会受到来自无人机通信网络的跨层干扰。I_k^S 表示卫星网络中子信道 k 的干扰门限：

$$\sum_{m=1}^{M}\sum_{n_1=1}^{N_U}a_{n_1,m,k}p_{n_1,m,k}^{U}g_{n_1,m,k}^{U\to S}\leqslant I_k^S \tag{3-9}$$

其中，$\forall k\in\{1,2,\cdots,K\}$。

（6）**子信道分配约束**：在每一个无人机通信网络中，一个子信道在同一时刻最多只能接入一个用户。因此子信道分配约束可以表示为

$$\sum_{n_1=1}^{N_U}a_{n_1,m,k}\leqslant 1 \tag{3-10}$$

其中，$\forall k \in \{1,2,\cdots,K\}$ 以及 $\forall m \in \{1,2,\cdots,M\}$。同时需满足：$a_{n_1,m,k} \in \{0,1\}$。

3.2.4 问题建模

基于上述约束条件，无人机通信网络的总容量可以表示为

$$C_{\text{total}} = \sum_{m=1}^{M}\sum_{n_1=1}^{N_U}\sum_{k=1}^{K} a_{n_1,m,k} C_{n_1,m,k} \tag{3-11}$$

因此，空-天-地异构网络上行传输资源协同配置问题可以建模为

$$\begin{aligned}
&\max_{\{a_{n_1,m,k},p_{n_1,m,k}^U,h_m\}} \sum_{m=1}^{M}\sum_{n_1=1}^{N_U}\sum_{k=1}^{K} a_{n_1,m,k} C_{n_1,m,k} \\
\text{s.t.}\quad &\text{(a)}\ \sum_{k=1}^{K} a_{n_1,m,k} p_{n_1,m,k}^U \leqslant P_{\max}^U,\quad \forall n_1,m \\
&\text{(b)}\ p_{n_1,m,k}^U \geqslant 0,\quad \forall n_1,m,k \\
&\text{(c)}\ \sum_{i,j\in\mathbb{M},i\neq j} (h_i-h_j)^2 \geqslant \chi^2 \\
&\text{(d)}\ h_{\min} \leqslant h_m \leqslant h_{\max},\quad \forall m \\
&\text{(e)}\ \sum_{k=1}^{K} a_{n_{uh},m,k} C_{n_{uh},m,k} \geqslant R_h,\quad \forall n_{uh},m \\
&\text{(f)}\ \sum_{k=1}^{K} a_{n_{ul},m,k} C_{n_{ul},m,k} \geqslant R_l,\quad \forall n_{ul},m \\
&\text{(g)}\ \sum_{m=1}^{M}\sum_{n_1=1}^{N_U} a_{n_1,m,k} p_{n_1,m,k}^U g_{n_1,m,k}^{U\to C} \leqslant I_k^C,\quad \forall k \\
&\text{(h)}\ \sum_{m=1}^{M}\sum_{n_1=1}^{N_U} a_{n_1,m,k} p_{n_1,m,k}^U g_{n_1,m,k}^{U\to S} \leqslant I_k^S,\quad \forall k \\
&\text{(i)}\ \sum_{n_1=1}^{N_U} a_{n_1,m,k} \leqslant 1,\quad \forall m,k \\
&\text{(j)}\ a_{n_1,m,k} \in \{0,1\},\quad \forall n_1,m,k
\end{aligned} \tag{3-12}$$

具体来说，模型（3-12）中的（a）和（b）表示无人机用户的功率约

束；（c）和（d）表示无人机节点的部署高度约束。对于用户 QoS 约束（e）和约束（f），假设 $0 < R_l \ll R_h$，不失一般性，在求解问题（3-12）时可以不考虑约束（f）。除此之外，（g）和（h）是地面蜂窝网络和卫星网络的干扰限制约束。最后，（i）和（j）为子信道分配约束。可以看出，优化目标函数是（$a_{n_1,m,k}$，$p^U_{n_1,m,k}$，h_m）的函数，且 $a_{n_1,m,k}C_{n_1,m,k}$ 不是一个关于自变量（$a_{n_1,m,k}$，$p^U_{n_1,m,k}$，h_m）的凹函数。同时无人机悬停高度的约束条件（c）以及整数规划形式的子信道分配约束条件（j）也不是凸的。3.3 节试图将非凸优化问题（3-12）变换为一个凸优化问题，进而给出它的迭代求解过程。

3.3 基于位置和功率联合优化的协同配置策略

本节针对上行资源协同配置问题，提出了一种基于位置和功率联合优化的算法。考虑到问题（3-12）包含三个优化变量 $a_{n_1,m,k}, p^U_{n_1,m,k}$ 和 h_m，且上述优化问题是一个非凸优化问题，很难找到它的全局最优解，因此需要一种计算复杂度较低的近似最优算法。接下来，将优化问题分解为两个子优化问题的迭代优化。第一个阶段，先固定无人机的悬停高度 $h_m = h^0_m, m \in \mathbb{M}$ 来确定此高度分布下的**无人机用户最优信道和功率分配**（称为“阶段 1”）；第二个阶段，基于阶段 1 优化的信道和功率分配策略，求解**无人机最优高度分布**（称为“阶段 2”）。

3.3.1 子信道分配和功率控制

3.3.1.1 条件松弛

首先，给定无人机悬停高度来研究子信道分配和功率控制问题。假设给定的无人机悬停高度分布 h^0_m 是一个从 $h_{\min} \sim h_{\max}$ 的等差数列。接下来，将基于（$a_{n_1,m,k}$，$p^U_{n_1,m,k}$）的非凸优化问题转化成为一个容易处理的凸优化问题 [76,150-151]。

第一步，将（j）中的整数约束 $a_{n_1,m,k} \in \{0,1\}$ 松弛为一个连续的凸约束 $a_{n_1,m,k} \in [0,1]$。

其次，通过引进辅助变量 $\rho_{n_1,m,k} = a_{n_1,m,k}p^U_{n_1,m,k}$，问题（3-12）中

的目标函数将被转化为

$$\hat{C}_{n_1,m,k} = \frac{B}{K}\log_2\left(1+\frac{\rho_{n_1,m,k}g^{U\to U}_{n_1,m,k}}{a_{n_1,m,k}\left(g^{C\to U}_{n_2,m,k}p^{C}_{n_2,k}+g^{S\to U}_{n_3,m,k}p^{S}_{n_3,k}+\sigma^2\right)}\right) \tag{3-13}$$

其中，$g^{U\to U}_{n_1,m,k}=\dfrac{\kappa}{h_m^2}$ 以及 $h_m \stackrel{\text{def}}{=} h_m^0, m\in\mathbb{M}$。下面将首先给出引理 3.1 来证明变换后的目标函数是一个凹函数。

引理 3.1　$f(x)$ 是关于 x 的在区间 $x\in[0,X]$ 的一个凹函数。引进变量 a，且满足 $a=tx$，$t\in[0,1]$。那么，函数 $g(t,a)=tf(a/t)$ 关于 (t,a) 在区域 $t\in[0,1]$ 和 $\forall a\in[0,tX]$ 上是一个凹函数。

证明: 已知 $f(x)$ 是一个凹函数，因此可以得到 $f''(x)\leqslant 0$。计算二元函数 $g(t,a)$ 的海森矩阵（Hessian matrix）可以得到

$$\nabla^2 g(t,a)=\frac{f''(a/t)}{t^3}\begin{bmatrix} a^2 & -at \\ -at & t^2 \end{bmatrix} \tag{3-14}$$

不仅如此，对于 $\forall x,y\in\mathbb{R}$ 以及 $t\in[0,1]$，有

$$\begin{bmatrix} x & y \end{bmatrix}\nabla^2 g(t,a)\begin{bmatrix} x \\ y \end{bmatrix}=\frac{f''(a/t)}{t^3}(ax-yt)^2\leqslant 0 \tag{3-15}$$

由于 $g(t,a)$ 的海森矩阵 $\nabla^2 g(t,a)$ 是一个半负定矩阵。因此，$g(t,a)=tf(a/t)$ 是一个关于 (t,a) 在区域 $t\in[0,1]$ 和 $\forall a\in[0,tX]$ 上的凹函数 [152-153]。

根据引理 3.1，可以得到目标函数是关于 $a_{n_1,m,k}\hat{C}_{n_1,m,k}$ 在 $(a_{n_1,m,k},\rho_{n_1,m,k})$ 上的一个凹函数。因此，关于无人机用户最优信道和功率分配问题可以转化为

$$\begin{aligned}
&\max_{\{a_{n_1,m,k},\ \rho^U_{n_1,m,k}\}} \sum_{m=1}^{M}\sum_{n_1=1}^{N_U}\sum_{k=1}^{K} a_{n_1,m,k}\hat{C}_{n_1,m,k}\\
&\text{s.t.}\quad \text{(a)}\ \sum_{k=1}^{K}\rho_{n_1,m,k}\leqslant P^U_{\max},\quad \forall n_1,m\\
&\qquad\ \ \text{(b)}\ \rho_{n_1,m,k}\geqslant 0,\quad \forall n_1,m,k\\
&\qquad\ \ \text{(c)}\ \sum_{k=1}^{K} a_{n_{uh},m,k}\hat{C}_{n_{uh},m,k}\geqslant R_h,\quad \forall n_{uh},m
\end{aligned}$$

$$
\begin{aligned}
&\text{(d)} \sum_{m=1}^{M}\sum_{n_1=1}^{N_U}\rho_{n_1,m,k}g_{n_1,m,k}^{U\to C}\leqslant I_k^C, \quad \forall k\\
&\text{(e)} \sum_{m=1}^{M}\sum_{n_1=1}^{N_U}\rho_{n_1,m,k}g_{n_1,m,k}^{U\to S}\leqslant I_k^S, \quad \forall k\\
&\text{(f)} \sum_{n_1=1}^{N_U}a_{n_1,m,k}\leqslant 1, \quad \forall m,k\\
&\text{(g)}\ a_{n_1,m,k}\in[0,1], \quad \forall n_1,m,k
\end{aligned}
\tag{3-16}
$$

显然，转换后的无人机悬停高度分布固定下用户最优信道和功率分配问题（3-16）是一个凸优化问题。

3.3.1.2 拉格朗日对偶分解

这一节将使用拉格朗日对偶分解的方法求解上面的信道和功率分配联合凸优化问题[154]。首先，构造拉格朗日函数 $L(\boldsymbol{A},\boldsymbol{\rho},\boldsymbol{\lambda},\boldsymbol{\mu},\boldsymbol{\nu},\boldsymbol{\omega},\boldsymbol{\xi})$:

$$
\begin{aligned}
&L(\boldsymbol{A},\boldsymbol{\rho},\boldsymbol{\lambda},\boldsymbol{\mu},\boldsymbol{\nu},\boldsymbol{\omega},\boldsymbol{\xi})\\
&=\sum_{m=1}^{M}\sum_{n_1=1}^{N_U}\sum_{k=1}^{K}a_{n_1,m,k}\hat{C}_{n_1,m,k}+\sum_{m=1}^{M}\sum_{n_1=1}^{N_U}\lambda_{n_1,m}\left(P_{\max}^U-\sum_{k=1}^{K}\rho_{n_1,m,k}\right)+\\
&\sum_{m=1}^{M}\sum_{n_{uh}=1}^{N_{uh}}\mu_{n_{uh},m}\left(\sum_{k=1}^{K}a_{n_{uh},m,k}\hat{C}_{n_{uh},m,k}-R_h\right)+\\
&\sum_{k=1}^{K}\nu_k\left(I_k^C-\sum_{m=1}^{M}\sum_{n_1=1}^{N_U}\rho_{n_1,m,k}g_{n_1,m,k}^{U\to C}\right)+\\
&\sum_{k=1}^{K}\omega_k\left(I_k^S-\sum_{m=1}^{M}\sum_{n_1=1}^{N_U}\rho_{n_1,m,k}g_{n_1,m,k}^{U\to S}\right)+\\
&\sum_{m=1}^{M}\sum_{k=1}^{K}\xi_{m,k}\left(1-\sum_{n_1=1}^{N_U}a_{n_1,m,k}\right)
\end{aligned}
\tag{3-17}
$$

其中，$\boldsymbol{\lambda}$，$\boldsymbol{\mu}$，$\boldsymbol{\nu}$，$\boldsymbol{\omega}$ 以及 $\boldsymbol{\xi}$ 均为与相应约束关联的拉格朗日乘子，同时 $\boldsymbol{A}=\{a_{n_1,m,k}\}$，$\boldsymbol{\rho}=\{\rho_{n_1,m,k}\}$。值得注意的是，问题（3-16）中的约束（b）和约束（g）在得到 $a_{n_1,m,k}$ 和 $\rho_{n_1,m,k}$ 的最优解后进行讨论取值。

因此，拉格朗日对偶函数可以表示为

$$g(\boldsymbol{\lambda},\boldsymbol{\mu},\boldsymbol{\nu},\boldsymbol{\omega},\boldsymbol{\xi})=\sup_{\mathbf{A},\boldsymbol{\rho}} L(\boldsymbol{A},\boldsymbol{\rho},\boldsymbol{\lambda},\boldsymbol{\mu},\boldsymbol{\nu},\boldsymbol{\omega},\boldsymbol{\xi}) \tag{3-18}$$

这样，原优化问题（3-16）的拉格朗日对偶问题可以构造为

$$\begin{aligned} &\min_{\boldsymbol{\lambda},\boldsymbol{\mu},\boldsymbol{\nu},\boldsymbol{\omega},\boldsymbol{\xi}} g(\boldsymbol{\lambda},\boldsymbol{\mu},\boldsymbol{\nu},\boldsymbol{\omega},\boldsymbol{\xi}) \\ &\text{s.t.}\quad \boldsymbol{\lambda},\boldsymbol{\mu},\boldsymbol{\nu},\boldsymbol{\omega},\boldsymbol{\xi}\succeq 0 \end{aligned} \tag{3-19}$$

将公式（3-17）改写为

$$L(\boldsymbol{A},\boldsymbol{\rho},\boldsymbol{\lambda},\boldsymbol{\mu},\boldsymbol{\nu},\boldsymbol{\omega},\boldsymbol{\xi})=\sum_{m=1}^{M}\sum_{k=1}^{K}\boldsymbol{\Phi}+\boldsymbol{\Psi} \tag{3-20}$$

其中

$$\begin{aligned} \boldsymbol{\Phi}=&\sum_{n_1=1}^{N_U} a_{n_1,m,k}\hat{C}_{n_1,m,k}-\sum_{n_1=1}^{N_U}\lambda_{n_1,m}\rho_{n_1,m,k}+\\ &\sum_{n_{uh}=1}^{N_{uh}}\mu_{n_{uh},m}a_{n_{uh},m,k}\hat{C}_{n_{uh}}-\sum_{n_1=1}^{N_U}\nu_k\rho_{n_1,m,k}g_{n_1,m,k}^{U\to C}-\\ &\sum_{n_1=1}^{N_U}\omega_k\rho_{n_1,m,k}g_{n_1,m,k}^{U\to S}-\sum_{n_1=1}^{N_U}\xi_{m,k}a_{n_1,m,k} \end{aligned} \tag{3-21}$$

以及

$$\begin{aligned} \boldsymbol{\Psi}=&\sum_{m=1}^{M}\sum_{n_1=1}^{N_U}\lambda_{n_1,m}P_{\max}^{U}-\sum_{m=1}^{M}\sum_{n_{uh}=1}^{N_{uh}}\mu_{n_{uh},m}R_h+\sum_{k=1}^{K}\nu_k I_k^C+\\ &\sum_{k=1}^{K}\omega_k I_k^S+\sum_{m=1}^{M}\sum_{k=1}^{K}\xi_{m,k} \end{aligned} \tag{3-22}$$

根据公式（3-20），对偶问题可以被分解为（$M\times K$）个独立的子问题。$a_{n_1,m,k}^{*}$ 和 $\rho_{n_1,m,k}^{*}$ 分别表示最大化函数（3-21）得到的最优解。对函数（3-21）分别关于 $a_{n_1,m,k}$ 和 $\rho_{n_1,m,k}$ 求偏导，对 QoS 要求较高的用户 $i\in\mathbb{N}_{uh}$，有

$$\frac{\partial\boldsymbol{\Phi}}{\partial\rho_{i,m,k}}=\frac{B}{K\ln 2}\left(\frac{a_{i,m,k}g_{i,m,k}^{U\to U}+\mu_{i,m}a_{i,m,k}g_{i,m,k}^{U\to U}}{a_{i,m,k}\Delta+\rho_{i,m,k}^{*}g_{n_1,m,k}^{U\to U}}\right)-\Theta_i \tag{3-23}$$

同时，对 QoS 要求较低的用户 $j \in \mathbb{N}_{ul}$，有

$$\frac{\partial \boldsymbol{\Phi}}{\partial \rho_{j,m,k}} = \frac{B}{K \ln 2} \left(\frac{a_{j,m,k} g_{j,m,k}^{U \to U}}{a_{j,m,k} \Delta + \rho_{j,m,k}^{*} g_{j,m,k}^{U \to U}} \right) - \Theta_j \tag{3-24}$$

其中，$\Delta = g_{n_2,m,k}^{C \to U} p_{n_2,k}^{C} + g_{n_3,m,k}^{S \to U} p_{n_3,k}^{S} + \sigma^2$ 以及 $\Theta_{n_1} = \lambda_{n_1,m} + \nu_k g_{n_1,m,k}^{U \to C} + \omega_k g_{n_1,m,k}^{U \to S}, n_1 \in \{1, 2, \cdots, N_U\}$。

根据问题（3-16）中的约束（b），由于 $\boldsymbol{\Phi}$ 同样是一个凹函数，那么最优解 $\rho_{n_1,m,k}^{*}, \forall n_1, m, k$ 需要满足：

$$\begin{cases} \rho_{n_1,m,k}^{*} = 0 \quad 和 \quad \dfrac{\partial \boldsymbol{\Phi}}{\partial \rho_{n_1,m,k}} \Big|_{\rho_{n_1,m,k}=0} < 0 \\ \rho_{n_1,m,k}^{*} > 0 \quad 和 \quad \dfrac{\partial \boldsymbol{\Phi}}{\partial \rho_{n_1,m,k}} \Big|_{\rho_{n_1,m,k}=\rho_{n_1,m,k}^{*}} = 0 \end{cases} \tag{3-25}$$

这样，用户 n_1 在第 m 个无人机通信网络子信道 k 上功率分配的最优策略可以表示为

$$p_{n_1,m,k}^{U*} = \begin{cases} \max\left\{0, \ \dfrac{B(1+\mu_{i,m})}{K \ln 2 \times \Theta_{n_1}} - \dfrac{\Delta}{g_{j,m,k}^{U \to U}}\right\}, \ n_1 \in \mathbb{N}_{uh} \\ \max\left\{0, \ \dfrac{B}{K \ln 2 \times \Theta_{n_1}} - \dfrac{\Delta}{g_{j,m,k}^{U \to U}}\right\}, \ n_1 \in \mathbb{N}_{ul} \end{cases} \tag{3-26}$$

相似地，考虑到问题（3-16）中的约束（g），子信道关联的最优策略 $a_{n_1,m,k}^{*}, \forall n_1, m, k$ 可以表示为

$$\begin{cases} a_{n_1,m,k}^{*} = 0 \quad 和 \quad \dfrac{\partial \boldsymbol{\Phi}}{\partial a_{n_1,m,k}} \Big|_{a_{n_1,m,k}=0} < 0 \\ a_{n_1,m,k}^{*} \in (0,1) \quad 和 \quad \dfrac{\partial \boldsymbol{\Phi}}{\partial a_{n_1,m,k}} \Big|_{a_{n_1,m,k}=a_{n_1,m,k}^{*}} = 0 \\ a_{n_1,m,k}^{*} = 1 \quad 和 \quad \dfrac{\partial \boldsymbol{\Phi}}{\partial a_{n_1,m,k}} \Big|_{a_{n_1,m,k}=1} > 0 \end{cases} \tag{3-27}$$

其中对 QoS 要求较高的用户 $i \in \mathbb{N}_{uh}$，有

$$\begin{aligned}\frac{\partial \boldsymbol{\Phi}}{\partial a_{i,m,k}} =&(1+\mu_{i,m})\frac{B}{K}\log_2\left(1+\frac{p_{i,m,k}^{U*}g_{i,m,k}^{U\to U}}{\Delta}\right)- \\ &(1+\mu_{i,m})\frac{Bp_{i,m,k}^{U*}g_{i,m,k}^{U\to U}}{K\ln 2\times(\Delta+p_{i,m,k}^{U*}g_{i,m,k}^{U\to U})}- \\ &\lambda_{i,m}p_{i,m,k}^{U*}-\nu_k p_{i,m,k}^{U*}g_{i,m,k}^{U\to C}-\omega_k p_{i,m,k}^{U*}g_{i,m,k}^{U\to S}-\xi_{m,k}\end{aligned}\tag{3-28}$$

对 QoS 要求较低的用户 $j\in\mathbb{N}_{ul}$，可以得到

$$\begin{aligned}\frac{\partial \boldsymbol{\Phi}}{\partial a_{j,m,k}} =& \frac{B}{K}\log_2\left(1+\frac{p_{j,m,k}^{U*}g_{j,m,k}^{U\to U}}{\Delta}\right)-\frac{Bp_{j,m,k}^{U*}g_{j,m,k}^{U\to U}}{K\ln 2\times(\Delta+p_{j,m,k}^{U*}g_{j,m,k}^{U\to U})}- \\ &\lambda_{j,m}p_{j,m,k}^{U*}-\nu_k p_{j,m,k}^{U*}g_{j,m,k}^{U\to C}-\omega_k p_{j,m,k}^{U*}g_{j,m,k}^{U\to S}-\xi_{m,k}\end{aligned}\tag{3-29}$$

考虑到每一个无人机通信网络在同一时刻最多有一个用户被允许接入到同一个子信道，为了最大化拉格朗日函数，可以得到

$$n_1^*=\arg\max_{n_1}\frac{\partial \boldsymbol{\Phi}}{\partial a_{n_1,m,k}},\quad \forall m,k \tag{3-30}$$

其中，$a^*_{n_1^*,m,k}=1$ 表示次优的信道指示变量。

3.3.1.3　拉格朗日乘子更新

考虑到拉格朗日对偶函数（3-18）不是可微的，使用次梯度法来更新拉格朗日乘子 $\boldsymbol{\lambda}$，$\boldsymbol{\mu}$，$\boldsymbol{\nu}$，$\boldsymbol{\omega}$ 和 $\boldsymbol{\xi}$[155-157]。因此，这些拉格朗日乘子可以由下列公式进行更新：

$$\lambda_{n_1,m}^{(i+1)}=\left[\lambda_{n_1,m}^{(i)}-\alpha_1^{(i)}\left(P_{\max}^U-\sum_{k=1}^{K}\rho_{n_1,m,k}\right)\right]^+,\forall m,n_1 \tag{3-31}$$

$$\mu_{n_{uh},m}^{(i+1)}=\left[\mu_{n_{uh},m}^{(i)}-\alpha_2^{(i)}\left(\sum_{k=1}^{K}a_{n_{uh},m,k}\hat{C}_{n_{uh},m,k}-R_h\right)\right]^+,\forall m,n_{uh} \tag{3-32}$$

$$\nu_k^{(i+1)}=\left[\nu_k^{(i)}-\alpha_3^{(i)}\left(I_k^C-\sum_{m=1}^{M}\sum_{n_1=1}^{N_U}\rho_{n_1,m,k}g_{n_1,m,k}^{U\to C}\right)\right]^+,\forall k \tag{3-33}$$

$$\omega_k^{(i+1)}=\left[\omega_k^{(i)}-\alpha_4^{(i)}\left(I_k^S-\sum_{m=1}^{M}\sum_{n_1=1}^{N_U}\rho_{n_1,m,k}g_{n_1,m,k}^{U\to S}\right)\right]^+,\forall k \tag{3-34}$$

其中，字母 i 用来指示迭代更新的轮次，α 表示步长，同时符号“$[\cdot]^+$” $=\max\{0,\ \cdot\}$。为了确保次梯度方法的收敛，更新步长需要满足：

$$\sum_{i=1}^{\infty}\alpha^{(i)}=\infty \quad 和 \quad \lim_{i\to\infty}\alpha^{(i)}=0 \tag{3-35}$$

为了提高算法的收敛速度，采用自适应步长 $\alpha=1/I$，其中 I 表示迭代的次数。基于公式（3-26）和公式（3-35），可以得到固定无人机悬停高度的条件下，无人机用户子信道和功率分配的近似最优解 $\{a^*_{n_1^*,m,k},\ p^{U*}_{n_1,m,k}\}$。基于得到的子信道和功率分配策略，无人机通信网络的系统容量可以表示为 $C_{\text{total}}(a^*_{n_1^*,m,k},p^{U*}_{n_1,m,k},\boldsymbol{h})$，其中 $\boldsymbol{h}\overset{\text{def}}{=}[h_1,h_2,\cdots,h_M]^{\mathrm{T}}$。

3.3.2 无人机位置优化

3.3.2.1 差分凸规划

在阶段 1，固定了无人机的悬停高度分布，进而来优化无人机用户子信道和功率分配，可以得到 $\{a^*_{n_1^*,m,k},\ p^{U*}_{n_1,m,k}\}$，其中 $n_1\in\{1,2,\cdots,N_U\}$ 以及 $k\in\{1,2,\cdots,K\}$。基于阶段 1 的优化结果，本节寻找确定无人机最优悬停高度分布的方法。

在给定 $\{a^*_{n_1^*,m,k},\ p^{U*}_{n_1,m,k}\}$ 的条件下，考虑到原问题（3-12）中安全飞行高度约束（c）和约束（d），可以得到

$$\begin{aligned}
&\max_{\{h_m\}}\ \sum_{m=1}^{M}\sum_{n_1=1}^{N_U}\sum_{k=1}^{K}a^*_{n_1^*,m,k}\frac{B}{K}\log_2\left(1+\frac{\kappa p^{U*}_{n_1,m,k}}{h_m^2\Delta}\right)\\
&\text{s.t.}\quad (a)\ \sum_{i,j\in\mathbb{M},i\neq j}(h_i-h_j)^2\geqslant\chi^2\\
&\qquad\quad (b)\ h_m\leqslant h_{\max},\quad \forall m\\
&\qquad\quad (c)\ h_m\geqslant h_{\min},\quad \forall m
\end{aligned} \tag{3-36}$$

无人机悬停高度分布问题（3-36）可以被改写为一个标准的差分凸规划问题 [158-159]，也就是

$$\begin{aligned}
&\min_{\boldsymbol{h}}\quad 0-g_0(\boldsymbol{h})\\
&\text{s.t.}\quad (a)\ \chi^2-g_1(\boldsymbol{h})\leqslant 0\\
&\qquad\quad (b)\ h_m\leqslant h_{\max},\quad \forall m
\end{aligned}$$

$$\text{(c) } h_m \geqslant h_{\min}, \quad \forall m \tag{3-37}$$

其中 $g_0(\boldsymbol{h})$ 可以写为

$$g_0(\boldsymbol{h}) = \sum_{m=1}^{M}\sum_{n_1=1}^{N_U}\sum_{k=1}^{K} a^*_{n_1^*,m,k}\frac{B}{K}\log_2\left(1+\frac{\kappa p^{U*}_{n_1,m,k}}{h_m^2\Delta}\right) \tag{3-38}$$

以及

$$g_1(\boldsymbol{h}) = \sum_{i,j\in\mathbb{M},i\neq j}(h_i-h_j)^2 \tag{3-39}$$

具体来说，可以将二次型 $g_1(\boldsymbol{h})$ 改写成 $g_1(\boldsymbol{h})=\boldsymbol{h}^{\mathrm{T}}\boldsymbol{Q}\boldsymbol{h}$ 的形式，其中 $\boldsymbol{Q}=\operatorname{diag}(\boldsymbol{M})-\mathbf{1}$。这里，$\operatorname{diag}(M)$ 表示一个所有对角元素均等于 M 的对角矩阵；$\mathbf{1}$ 是一个 $M\times M$ 的全 1 矩阵。问题（3-37）中的 $g_0(\boldsymbol{h})$ 和 $g_1(\boldsymbol{h})$ 均是凸函数，因此问题（3-37）是一个标准的差分凸规划。因此，可以使用 CCP 方法来求解。基于该方法，通过对一系列凸的子优化问题的迭代求解得到该差分凸规划的局部最优解。算法 3 给出了差分凸规划基于 CCP 的迭代求解过程，下一节将详细阐述。

算法 3 基于 CCP 的迭代解法

1: **初始化**给定一个可行的 $\boldsymbol{h}^{*(0)}$ 和一个算法停止阈值 δ;
2: 设置迭代指示变量 $n := 0$;
3: **repeat**
4: 计算 $g_0(\boldsymbol{h}^{*(n)})$;
5: 更新 $\hat{g}_0(\boldsymbol{h};\boldsymbol{h}^{*(n)}) \stackrel{\text{def}}{=} g_0(\boldsymbol{h}^{*(n)}) + \nabla g_0(\boldsymbol{h}^{*(n)})^{\mathrm{T}}(\boldsymbol{h}-\boldsymbol{h}^{*(n)})$;
6: 更新 $\hat{g}_1(\boldsymbol{h};\boldsymbol{h}^{*(n)}) \stackrel{\text{def}}{=} g_1(\boldsymbol{h}^{*(n)}) + \nabla g_1(\boldsymbol{h}^{*(n)})^{\mathrm{T}}(\boldsymbol{h}-\boldsymbol{h}^{*(n)})$;
7: 求解凸的子优化问题（3-43）;
8: 得到子优化问题的最优解 $\boldsymbol{h}^{*(n+1)}$ 并计算 $g_0(\boldsymbol{h}^{*(n+1)})$;
9: 更新迭代指示变量 $n := n+1$;
10: **until** $g_0(\boldsymbol{h}^{*(n)}) - g_0(\boldsymbol{h}^{*(n-1)}) \leqslant \delta$;
11: 赋值 $\boldsymbol{h}^* \stackrel{\text{def}}{=} \boldsymbol{h}^{*(n)}$。

3.3.2.2 基于凹-凸过程的迭代求解

令 $\hat{g}_0(\boldsymbol{h})$ 和 $\hat{g}_1(\boldsymbol{h})$ 分别表示 $\hat{g}_0(\boldsymbol{h})$ 和 $\hat{g}_1(\boldsymbol{h})$ 的一阶泰勒展开，有:

$$\begin{aligned}\hat{g}_0(\boldsymbol{h};\boldsymbol{h}^{(n)}) &\stackrel{\text{def}}{=} g_0(\boldsymbol{h}^{(n)}) + \nabla g_0(\boldsymbol{h}^{(n)})^{\mathrm{T}}(\boldsymbol{h}-\boldsymbol{h}^{(n)}) \\ &= g_0(\boldsymbol{h}^{(n)}) + \Gamma(\boldsymbol{h}^{(n)})^{\mathrm{T}}(\boldsymbol{h}-\boldsymbol{h}^{(n)}),\end{aligned} \tag{3-40}$$

以及

$$\begin{aligned}\hat{g}_1(\boldsymbol{h};\boldsymbol{h}^{(n)}) &\stackrel{\text{def}}{=} g_1(\boldsymbol{h}^{(n)}) + \nabla g_1(\boldsymbol{h}^{(n)})^{\mathrm{T}}(\boldsymbol{h}-\boldsymbol{h}^{(n)}) \\ &= \boldsymbol{h}^{(n)\mathrm{T}}\boldsymbol{Q}\boldsymbol{h}^{(n)} + (2\boldsymbol{Q}\boldsymbol{h}^{(n)})^{\mathrm{T}}(\boldsymbol{h}-\boldsymbol{h}^{(n)})\end{aligned} \tag{3-41}$$

其中，$\boldsymbol{h}^{(n)}$ 是 $\boldsymbol{h}$ 第 n 次迭代过程的值。此外，$M\times 1$ 维的向量 $\boldsymbol{\Gamma}=\dfrac{\mathrm{d}g_0(\boldsymbol{h})}{\mathrm{d}\boldsymbol{h}}$，其中它的第 m 个元素可以由公式（3-42）计算得到

$$\boldsymbol{\Gamma}_m = -\sum_{n_1=1}^{N_U}\sum_{k=1}^{K}\frac{2\kappa B a^*_{n_1^*,m,k} p^{U*}_{n_1,m,k}}{K\ln 2\times\left(h_m^3\Delta + h_m\kappa p^{U*}_{n_1,m,k}\right)} \tag{3-42}$$

这样，$\boldsymbol{h}^{(n+1)}$ 可以通过求解下列迭代的凸的线性约束子问题而得到

$$\begin{aligned}&\min_{\boldsymbol{h}}\ 0-\hat{g}_0(\boldsymbol{h}) \\ &\text{s.t. (a)}: \chi^2-\hat{g}_1(\boldsymbol{h};\boldsymbol{h}^{(n)})\leqslant 0\end{aligned} \tag{3-43}$$

值得注意的是，考虑问题（3-37）中的约束（b）和约束（c），可以得到迭代优化的停止准则：

$$g_0(\boldsymbol{h}^{(n+1)}) - g_0(\boldsymbol{h}^{(n)}) \leqslant \delta \tag{3-44}$$

其中，δ 表示停止阈值。

在这里，可以同样使用拉格朗日对偶分解的方法求解凸的子优化问题（3-43）。拉格朗日函数可以表示为

$$L(\boldsymbol{h},\psi) = -\hat{g}_0(\boldsymbol{h}) + \psi(\chi^2-\hat{g}_1(\boldsymbol{h})) \tag{3-45}$$

其中，ψ 是拉格朗日乘子。因此，拉格朗日对偶函数表示为

$$z(\psi) = \inf_{\boldsymbol{h}} -\hat{g}_0(\boldsymbol{h}) + \psi(\chi^2-\hat{g}_1(\boldsymbol{h})) \tag{3-46}$$

于是，拉格朗日对偶问题可以建模：

$$\begin{aligned}&\max_{\psi}\ z(\psi) \\ &\text{s.t. } \psi\geqslant 0\end{aligned} \tag{3-47}$$

对公式（3-46）关于无人机悬停高度 $\boldsymbol{h}$ 求导数，有

$$\frac{\mathrm{d}L(\boldsymbol{h},\psi)}{\mathrm{d}\boldsymbol{h}} = -\boldsymbol{\Gamma}(\boldsymbol{h}^{(n)}) - 2\psi\boldsymbol{Q}\boldsymbol{h}^{(n)} \tag{3-48}$$

对于 $\forall m=\{1,2,\cdots,M\}$，可以得到

$$\begin{aligned}\frac{\mathrm{d}L(h_m)}{\mathrm{d}h_m}=&2\psi\left(\sum_{i=1,i\neq m}^{M}h_i^{(n)}-(M-1)h_m^{(n)}\right)+\\&\sum_{n_1=1}^{N_U}\sum_{k=1}^{K}\frac{2\kappa Ba_{n_1^*,m,k}^{*}p_{n_1,m,k}^{U*}}{K\ln 2\times\left(h_m^{3(n)}\Delta+h_m^{(n)}\kappa p_{n_1,m,k}^{U*}\right)}\end{aligned}\tag{3-49}$$

其中，$h_m^{(n)}$ 是 h_m 在第 n 次迭代优化求解过程中的值。考虑到 $L(h_m)$ 是一个凸函数，有

$$h_m^{(n+1)}=\begin{cases}h_{\min}, & 如果\ \dfrac{\mathrm{d}L(h_m)}{\mathrm{d}h_m}>0\\ h_{\max}, & 如果\ \dfrac{\mathrm{d}L(h_m)}{\mathrm{d}h_m}<0\end{cases}\tag{3-50}$$

由于拉格朗日对偶函数 $z(\psi)$ 是不可微的，因此拉格朗日乘子 ψ 可以由以下公式更新：

$$\psi^{(n+1)}=[\psi^{(n)}+\beta^{(n)}(\chi^2-\hat{g}_1(\boldsymbol{h}^n)]^+\tag{3-51}$$

其中，$\beta^{(n)}$ 是拉格朗日乘子更新中的步长。

这样，可以得到每一次迭代过程中子优化问题(3-43)的最优解 $h_{(n+1)}$。在给定 $\{a_{n_1^*,m,k}^{*},p_{n_1,m,k}^{U*}\}$ 时，基于 CCP 迭代优化算法可以得到在该假设下，无人机悬停的最优高度分布 $\boldsymbol{h}^*$。这样，可以计算出此时的准最优无人机通信网络容量 $C_{\mathrm{total}}(a_{n_1^*,m,k}^{*},p_{n_1,m,k}^{U*},\boldsymbol{h}^*)$。定义基于位置和功率联合优化的协同配置策略下的最优无人机通信网络容量为 C_{total}^{*}。接下来，将联合阶段 1 和阶段 2 的两个优化问题寻找最优无人机高度分布、子信道和功率分配策略，求解最优无人机通信网络容量 C_{total}^{*}[①]。

3.3.3　位置和功率联合优化

本节将阶段 1 的子信道和功率分配优化以及阶段 2 的无人机悬停高度分布优化进行联合考虑，迭代求解最优资源协同配置问题。假设在

① 这以后，使用 $C_{\mathrm{total}}^{(i)}(a_{n_1^*,m,k}^{*},p_{n_1,m,k}^{U*},\boldsymbol{h}^*)$ 来表示第 i 次两个阶段联合优化配置的无人机准最优网络容量。

第 i 次联合迭代优化过程中，固定 $\boldsymbol{h}^{(i-1)}$，最优子信道和功率分配策略 $\{a^*_{n_1^*,m,k}, p^{U*}_{n_1,m,k}\}^{(i)}$ 可以通过阶段 1 求解得到，此时无人机通信网络容量为 $C^{(i)}_{\text{total}}(a^*_{n_1^*,m,k}, p^{U*}_{n_1,m,k}, \boldsymbol{h})$。基于得到的 $\{a^*_{n_1^*,m,k}, p^{U*}_{n_1,m,k}\}^{(i)}$，通过阶段 2 可以得到最优无人机高度分布 $\boldsymbol{h}^{*(i)}$，进而可以计算出第 i 次联合迭代优化过程中的准最优无人机通信网络容量 $C^{(i)}_{\text{total}}(a^*_{n_1^*,m,k}, p^{U*}_{n_1,m,k}, \boldsymbol{h}^*)$。同理，根据求解得到的 $\boldsymbol{h}^{*(i)}$，再次通过阶段 1 来更新 $\{a^*_{n_1^*,m,k}, p^{U*}_{n_1,m,k}\}^{(i+1)}$ 和 $C^{(i+1)}_{\text{total}}(a^*_{n_1^*,m,k}, p^{U*}_{n_1,m,k}, \boldsymbol{h})$；基于更新后的策略，通过阶段 2 来更新 $\boldsymbol{h}^{*(i+1)}$，并得到第$(i+1)$次联合迭代优化后最优无人机通信网络容量 $C^{(i+1)}_{\text{total}}(a^*_{n_1^*,m,k}, p^{U*}_{n_1,m,k}, \boldsymbol{h}^*)$。

假设 $\varLambda$ 表示两个阶段迭代联合优化停止阈值，如果满足：

$$C^{(i+1)}_{\text{total}}(a^*_{n_1^*,m,k}, p^{U*}_{n_1,m,k}, \boldsymbol{h}^*) - C^{(i)}_{\text{total}}(a^*_{n_1^*,m,k}, p^{U*}_{n_1,m,k}, \boldsymbol{h}^*) \leqslant \varLambda \tag{3-52}$$

那么最后 M 个无人机通信网络的最优上行系统容量可以表示为

$$C^*_{\text{total}} \overset{\text{def}}{=} C^{(i+1)}_{\text{total}}(a^*_{n_1^*,m,k}, p^{U*}_{n_1,m,k}, \boldsymbol{h}^*) \tag{3-53}$$

其中，无人机用户的最优子信道和功率分配策略为 $\{a^*_{n_1^*,m,k}, p^{U*}_{n_1,m,k}\} \overset{\text{def}}{=} \{a^*_{n_1^*,m,k}, p^{U*}_{n_1,m,k}\}^{(i+1)}$；无人机最优高度分布为：$\boldsymbol{h}^* \overset{\text{def}}{=} \boldsymbol{h}^{*(i+1)}$。算法 4 总结了上述基于位置和功率联合优化的空-天-地异构网络资源协同配置算法。

算法 4 基于位置和功率联合优化的资源协同配置算法

1: **初始化**给定一个可行的 $\boldsymbol{h}^{(0)}$ 和一个算法停止阈值 $\varLambda$;
2: 设置迭代指示变量 $i := 0$;
3: **repeat**
4: 　更新迭代指示变量 $i := i + 1$;
5: 　求解问题（3-16）得到 $\{a^*_{n_1^*,m,k}, p^{U*}_{n_1,m,k}\}^{(i)}$;
6: 　计算 $C^{(i)}_{\text{total}}(a^*_{n_1^*,m,k}, p^{U*}_{n_1,m,k}, \boldsymbol{h})$;
7: 　求解问题（3-37）得到 $\boldsymbol{h}^{*(i)}$;
8: 　计算 $C^{(i)}_{\text{total}}(a^*_{n_1^*,m,k}, p^{U*}_{n_1,m,k}, \boldsymbol{h}^*)$;
9: **until** $C^{(i)}_{\text{total}}(a^*_{n_1^*,m,k}, p^{U*}_{n_1,m,k}, \boldsymbol{h}^*) - C^{(i-1)}_{\text{total}}(a^*_{n_1^*,m,k}, p^{U*}_{n_1,m,k}, \boldsymbol{h}^*) \leqslant \varLambda$;
10: 更新 $C^*_{\text{total}} \overset{\text{def}}{=} C^{(i)}_{\text{total}}(a^*_{n_1^*,m,k}, p^{U*}_{n_1,m,k}, \boldsymbol{h}^*)$;
11: 更新 $\{a^*_{n_1^*,m,k}, p^{U*}_{n_1,m,k}\} \overset{\text{def}}{=} \{a^*_{n_1^*,m,k}, p^{U*}_{n_1,m,k}\}^{(i)}$;
12: 更新 $\boldsymbol{h}^* \overset{\text{def}}{=} \boldsymbol{h}^{*(i)}$。

3.4　算法实现与分析

3.4.1　算法实现

本节基于所提出的基于无人机位置和用户功率两个阶段联合迭代优化的资源协同配置机制，给出具体的算法实现（two-stage joint resource allocation，TSJ-RA），参见算法 5。与此同时，我们提出了一个基于功率比例分配的启发式资源协同配置算法（proportionable power constrained resource allocation，PPC-RA），参见算法 6。该算法与穷举搜索算法以及 TSJ-RA 算法相比，具有较低的计算复杂度。

算法 5　两个阶段联合迭代优化资源协同配置实现算法（TSJ-RA）

1: **初始化** K，M，N_U，N_S，N_C，N_{ul} 和 N_{uh}；
2: **初始化** I_k^C，I_k^S，R_h，R_l 和 $P_{\max}$；
3: **初始化** $g_{n_1,m,k}^{U\to U}$，$g_{n_1,m,k}^{U\to C}$，$g_{n_1,m,k}^{U\to S}$，$g_{n_2,m,k}^{C\to U}$，$g_{n_3,m,k}^{S\to U}$ 和 $p_{n_2,k}^C$，$p_{n_3,k}^S$；
4: **初始化** 拉格朗日乘子 $\boldsymbol{\lambda}^{(0)}$，$\boldsymbol{\mu}^{(0)}$，$\boldsymbol{\nu}^{(0)}$，$\boldsymbol{\omega}^{(0)}$ 以及 $\psi^{(0)}$；
5: **初始化** 迭代指示变量 $i := 0$ 和 $j := 0$，并设定最大迭代次数 $i_{\max}$ 和 $j_{\max}$；
6: **初始化** 无人机高度分布 $\boldsymbol{h}^{(0)}$ 以及子信道和功率分配策略 $\{a_{n_1,m,k}, p_{n_1,m,k}^U\}^{(0)}$；
7: 计算 $C_{\text{total}}^{(0)}(\{a_{n_1,m,k}, p_{n_1,m,k}^U\}^{(0)}, \boldsymbol{h}^{(0)})$；
8: **repeat**
9: 　$j := j+1$
10: 　**repeat**
11: 　　$i := i+1$
12: 　　**for** $k = 1 \sim K$ **do**
13: 　　　**for** $m = 1 \sim M$ **do**
14: 　　　　**for** $n_1 = 1 \sim N_U$ **do**
15: 　　　　　i. 基于公式（3-26）更新功率分配策略；
16: 　　　　　ii. 分别计算函数（3-28）和函数（3-29）的偏导数；
17: 　　　　**end for**
18: 　　　　基于公式（3-30）更新子信道分配策略 $a_{n_1,m,k}$；
19: 　　　**end for**
20: 　　**end for**

21: 基于公式（3-31）、公式（3-32）、公式（3-33）和公式（3-34）更新拉格朗日乘子 $\boldsymbol{\lambda}, \boldsymbol{\mu}, \boldsymbol{\nu}$ 和 $\boldsymbol{\omega}$；
22: **until** $i = i_{\max}$ 或者达到收敛
23: 得到 $\{a_{n_1,m,k}, p^U_{n_1,m,k}\}^{(j)}$；
24: 计算 $C^{(j)}_{\text{total}}(\{a_{n_1,m,k}, p^U_{n_1,m,k}\}^{(j)}, \boldsymbol{h}^{(j-1)})$；
25: 基于算法 3 更新无人机悬停高度分布；
26: 得到 $\boldsymbol{h}^{(j)}$；
27: 计算 $C^{(j)}_{\text{total}}(\{a_{n_1,m,k}, p^U_{n_1,m,k}\}^{(j)}, \boldsymbol{h}^{(j)})$；
28: **until** $j = j_{\max}$ 或者满足公式（3-45）
29: 得到 $C^*_{\text{total}} \stackrel{\text{def}}{=} C^{(j)}_{\text{total}}(\{a^*_{n_1^*,m,k}, p^{U*}_{n_1,m,k}\}^{(j)}, \boldsymbol{h}^{*(j)})$。

算法 6 基于功率比例分配的启发式资源协同配置实现算法（PPC-RA）

1: **初始化** K，M，N_U，N_S，N_C，N_{ul} 和 N_{uh}；
2: **初始化** I^C_k，I^S_k，R_h，R_l 和 $P_{\max}$；
3: **初始化** $g^{U\to U}_{n_1,m,k}$，$g^{U\to C}_{n_1,m,k}$，$g^{U\to S}_{n_1,m,k}$，$g^{C\to U}_{n_2,m,k}$，$g^{S\to U}_{n_3,m,k}$ 以及 $p^C_{n_2,k}$，$p^S_{n_3,k}$；
4: 设置功率分配比例因子 θ。
5: **for** $m = 1 \sim M$ **do**
6: 设置子信道集合 $\mathbb{K} = \{1, 2, \cdots, K\}$；
7: 设置无人机用户集合 $\mathbb{N}_U$ 以及对 QoS 需求较高的无人机用户集合 $\mathbb{N}_{uh}$；
8: **while** $\mathbb{N}_{uh} \neq \varnothing, i \in \mathbb{N}_{uh}$ **do**
9: i. 选择 $i \in \mathbb{N}_{uh}$；
10: ii. 求解 $k^* = \text{argmax}_{k\in\mathbb{K}}(g^{U\to U}_{i,m,k}/\varDelta)$；
11: iii. 设置 $a_{i,m,k^*} = 1$ 以及 $\mathbb{K} := \mathbb{K} - \{k^*\}$；
12: iv. 设置 $p^U_{i,m,k^*} = \theta(g^{U\to U}_{i,m,k^*}/\varDelta)$；
13: **if** 问题（3-16）中的约束 (c) 满足 **then**
14: $\mathbb{N}_{uh} := \mathbb{N}_{uh} - \{i\}$；
15: $\mathbb{N}_U := \mathbb{N}_U - \{i\}$；
16: **end if**
17: **end while**
18: **while** $\mathbb{K} \neq \varnothing, n_1 \in \mathbb{N}_U$ **do**
19: i. 求解 $\{n_1, k\}^* = \text{argmax}_{k\in\mathbb{K}, n_1\in\mathbb{N}_U}(g^{U\to U}_{n_1,m,k}/\varDelta)$；
20: ii. 设置 $a_{n_1,m,k} |_{\{n_1,k\}=\{n_1,k\}^*} = 1$；
21: iii. 设置 $a_{n_1,m,k^*} = 1$, and $\mathbb{K} := \mathbb{K} - \{k^*\}$；
22: iv. 设置 $p^U_{n_1,m,k^*} = \theta(g^{U\to U}_{n_1,m,k^*}/\varDelta)$；
23: **end while**
24: **end for**

25: 基于问题（3-16）中约束（a）、约束（d）和约束（e）更新功率分配比例因子 θ：

$$\theta = \min\left\{\frac{P_{\max}^{U}\Delta}{\sum_{k=1}^{K} a_{n_1,m,k} g_{n_1,m,k}^{U\to U}}, \frac{I_k^C \Delta}{\sum_{m=1}^{M}\sum_{n_1=1}^{N_U} a_{n_1,m,k} g_{n_1,m,k}^{U\to C} g_{n_1,m,k}^{U\to U}}, \frac{I_k^S \Delta}{\sum_{m=1}^{M}\sum_{n_1=1}^{N_U} a_{n_1,m,k} g_{n_1,m,k}^{U\to S} g_{n_1,m,k}^{U\to U}}\right\};$$

26: 基于算法 3 更新无人机悬停高度分布；

27: 得到 $C_{\text{total}}^* \stackrel{\text{def}}{=} C_{\text{total}}(a_{n_1,m,k}, p_{n_1,m,k}^U, \boldsymbol{h})$。

3.4.2 计算复杂度分析

关于算法的计算复杂度，算法 5 包含了 $j_{\max}$ 次子信道和功率分配、无人机高度优化的迭代过程。具体来说，一次子信道和功率分配更新过程的计算复杂度为 $O(i_{\max}KMN_U)$；一次无人机高度优化的更新过程需要的计算复杂度为 $O(n_{\max}M)$，其中 $i_{\max}$ 和 $n_{\max}$ 为每个更新子过程内部的最大迭代次数。因此，算法 5 的计算复杂度为：$O(j_{\max}(i_{\max}KMN_U+n_{\max}M))$。然而，启发式算法 6 是一个具有低复杂度的贪婪方案，目的是优先满足对 QoS 要求高的用户。与算法 5 相比，算法 6 不需要复杂的拉格朗日对偶分解中的算子更新过程，具有更低的计算复杂度：$O(M(N_U^2+(K-N_U)^2)+n_{\max}M)$。

3.5 仿真分析

在仿真中，假设空-天-地异构网络中用户分布在 500 m × 500 m 的正方形区域。在这个正方形区域，N_C 为 10 个地面蜂窝网络用户以及 N_S 为 10 个卫星网络用户随机分布。每个无人机的覆盖范围是半径为 50 m 的圆形区域，而且无人机用户同样随机分布在每一个圆形区域。在仿真中，GEO 的高度为 36 000 km，且只考虑一个地面宏蜂窝基站。载波频率为 2.4 GHz。

子信道共有 128 个，并且每个子信道的带宽为 15 kHz。加性高斯白噪声的功率谱密度为 −174 dBm/Hz。除此之外，用户与宏蜂窝基站 MBS 之间的信道为瑞利信道；用户与无人机和卫星之间的信道遵循莱斯系数为 5 dB 的莱斯衰落。参考距离下单位功率增益为 $\kappa = 1.4 \times 10^{-4}$[160]。无人机的高度分布范围是 200 ∼ 400 m。在本节中，仿真所使用的计算机处理器为英特尔酷睿 i7-8700 @ 3.20 GHz，内存为 8 GB；仿真工具为 MATLAB R2016b。

接下来，考虑两种场景：第一种场景里有 4 个无人机，第二种场景里有 9 个无人机。假设每个无人机能够服务 4 个用户。在第一种场景中，共有 8 个对 QoS 要求较高的无人机用户，有 8 个对 QoS 要求较低的无人机用户；而在第二种场景中，共有 24 个对 QoS 要求较高的无人机用户，有 12 个对 QoS 要求较低的无人机用户。此外，对 QoS 要求较高的无人机用户所需要的最小信息传输速率为 $R_h = 30$（Kb/s）。我们定义无人机通信网络的频谱效率（spectrum efficiency，SE）用来评价资源协同配置算法的性能，频谱效率可以定义为 $\mathrm{SE} = \dfrac{C_{\text{total}}}{B}$（b/s/Hz）。

图 3.2 展示了两种资源分配策略下无人机最大传输功率 ($P_{\max}^U$) 对无人机通信网络频谱效率的影响，其中地面蜂窝网络和卫星通信网络的最大干扰门限均为 0，也就是说对于所有的 $k \in \{1, 2, \cdots, K\}$，都有 $I^C = 0$ 和 $I^S = 0$。可以看出我们所提出的基于位置和功率联合优化

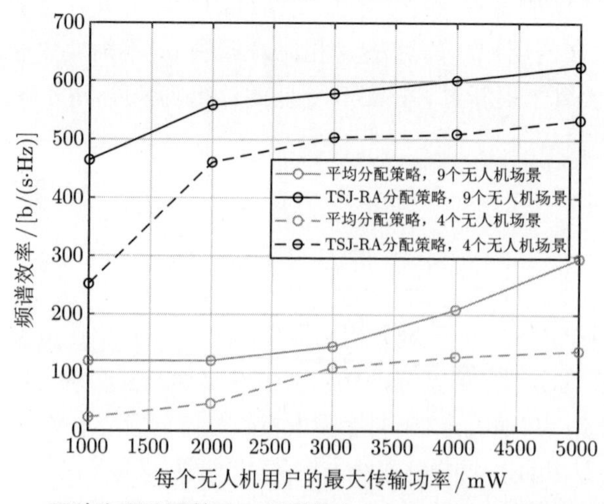

图 3.2 两种资源分配策略下频谱效率和无人机最大传输功率的关系

的资源协同配置策略相比于资源平均分配策略[①]能够显著提高频谱效率。这是由于所提出的资源协同配置策略联合优化了无人机的高度以及子信道和功率分配，其能够满足所有约束条件，提高了系统的频谱效率。比较算法没有考虑系统的配置，带来了显著的频谱效率下降。除此之外，传输功率约束的放松以及部署更多的无人机也可以显著提高网络的频谱效率。

图 3.3 刻画了在两种资源分配策略下，频谱效率和地面基站最大干扰门限 (I^C) 的关系，其中假设无人机最大传输功率 $P_{\max}^U = 1000$ MW 以及卫星网络的最大干扰门限 $I^S = 0$ dBm。由于平均资源分配策略没有考虑干扰门限，该机制下的频谱效率不随地面基站最大干扰门限 I^C 的提高而增加。对于我们提出的基于位置和功率联合优化的资源协同配置策略，放松地面宏蜂窝基站的干扰门限可以在一定程度上增加系统的频谱效率。这是由于地面蜂窝网宽松的干扰门限可以使无人机用户提高传输的功率，而较严格的干扰门限使无人机用户不得不降低传输功率来满足预设的约束。不仅如此，当地面蜂窝网络的干扰门限增大到一定程度时，例如 4 个无人机场景中 $I^C = -20$ dBm 时，或 9 个无人机场景中 $I^C = 0$ dBm 时，系统的频谱效率不再随着干扰门限的增加而增大。这

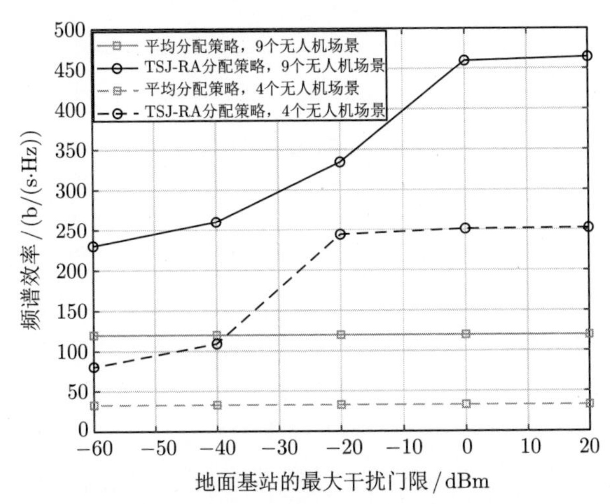

图 3.3　两种资源分配策略下频谱效率和地面基站最大干扰门限的关系

① 在仿真中，平均资源分配策略是指在每个无人机安全悬停高度分布的约束下，不考虑地面蜂窝网和卫星网络的干扰限制，将子信道和功率均匀分配给两类用户。

是因为，此时在无人机最大传输功率的约束下，预设的最大干扰门限值可以一直满足。

图 3.4 描绘了在两种资源分配策略下，地面蜂窝基站不同预设值的最大干扰门限 (I^C) 被超过的概率，这个概率被定义为实际干扰大于预设门限值的子信道数与总子信道数的比值。可以看出，所提出的两个阶段联合优化算法可以满足所有子信道 $k \in \{1, 2, \cdots, K\}$ 的干扰约束。然而在较严格的干扰门限约束的情况下，平均分配策略有较大概率不满足地面蜂窝网络的干扰约束。

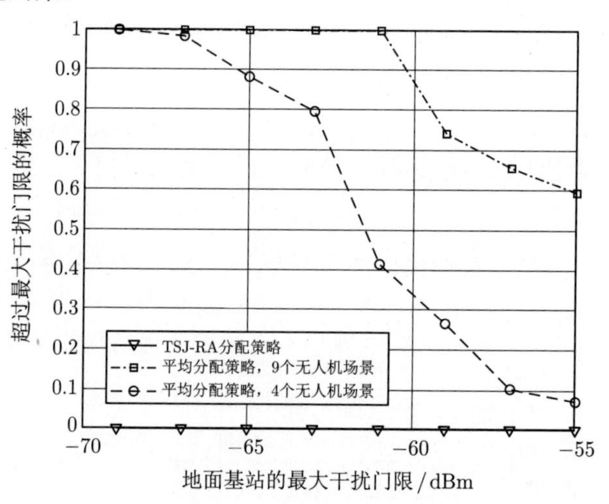

图 3.4 两种资源分配策略下地面蜂窝基站最大干扰门限被超过的概率

图 3.5 表示了在两种资源分配策略下，频谱效率和无人机最低悬停高度 $(h_{\min})$ 的关系。从图中可以看出，无人机悬停高度降低，在两种资源分配策略下系统的频谱效率均得到提高。不仅如此，图 3.6 刻画了在两种资源分配策略下较强 QoS 需求用户不同预设值的最低传输速率要求 (R_h) 能够被满足的概率。这个概率被定义为较强 QoS 要求的无人机用户被满足的数量与较强 QoS 需求的无人机用户的总数的比值。可以看出，在所有给定最小传输速率要求的条件下，我们提出的两个阶段联合优化资源协同配置策略的性能优于平均资源分配策略。这是因为我们所提出的算法在模型中已经将用户的 QoS 作为约束条件，其中较强 QoS 要求的无人机用户能够以更高的优先级接入信道。然而，平均资源分配策略并没有考虑到用户的预设最小传输速率需求。当无人机用户最小传输速

率达到 40 Kb/s 时，在该机制下，大约只有 10% 的较强 QoS 要求的无人机用户能够获得比预设值高的传输速率。

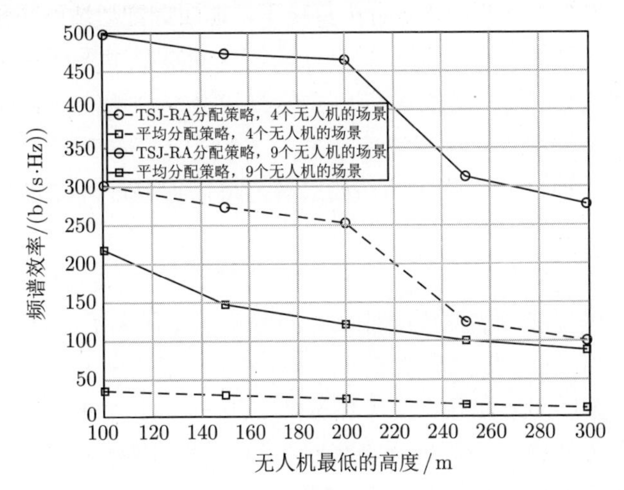

图 3.5 两种资源分配策略下频谱效率和无人机最低悬停高度的关系

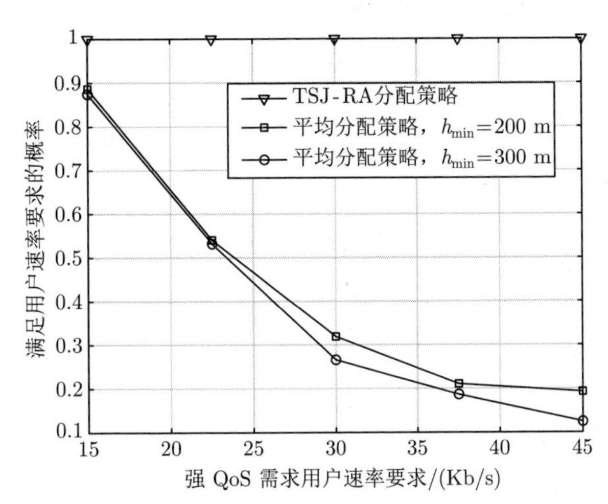

图 3.6 两种资源分配策略下较强 QoS 需求用户的速率要求能够被满足的概率

3.6 本章小结

本章以卫星、无人机和地面基站构成的异构无线通信网络为场景，探索基于无人机部署位置、用户子信道分配和功率控制联合优化的资源协同配置方法。本章首先构建空-天-地三层异构网络的跨层干扰模型，以提高无人机通信网络系统容量为目标，同时满足卫星通信网络和地面蜂窝网络干扰约束，提出了一个分阶段迭代的资源协同配置策略。第一个阶段固定无人机高度分布，通过约束条件的松弛同时基于拉格朗日对偶分解的方法，联合优化无人机用户子信道和功率分配问题。根据求解出的无人机用户子信道和功率分配策略，在第二个阶段基于凹-凸过程优化无人机高度分布。通过两个阶段的迭代求解，可以得到最优的资源协同配置方法。

拉格朗日对偶分解方法和凹-凸过程方法均需要对拉格朗日乘子进行更新。由于模型涉及的约束条件多，因此拉格朗日乘子更新迭代次数多，计算复杂度高。为了提高算法效率，本章基于功率比例分配提出一个具有较低计算复杂度的近似寻找最优解的算法。仿真结果表明，我们提出的资源协同配置方法能够满足地面蜂窝网络和卫星通信网络干扰门限，满足两类无人机用户的最小传输速率，以及满足无人机安全飞行高度的同时，最大化无人机通信网络的频谱效率。

异构网络资源共享的同时难免会带来跨层干扰。相比于传统的空-地网络，本章创新地将无人机通信网络融合到传统的空-地网络中，从建模、求解到仿真研究了新构成的空-天-地异构网络传输资源协同配置这一关键问题，减少无人机通信网络对传统空-地网络的冲突和干扰，合理共享传输资源，提高异构网络的整体系统性能。

第 4 章　基于多臂老虎机决策的室内异构网络用户协同接入

4.1　本 章 引 言

商用发光二极管（light-emitting diode，LED）具有低功耗、长寿命、高能效的特点。基于商用发光二极管的可见光通信（visible light communication，VLC）相关技术受到了很大的关注，包括对其组件、设备、协议、网络的研发和设计[161]。考虑到传统射频无线网络中频谱资源的缺乏，因此可以将 VLC 看作一种补充方式，实现免授权频谱范围内的高速率通信，以支持智能家居、远程医疗等应用[162]。本章将以 VLC 和射频通信共同构成的室内异构无线通信网络为场景，探索基于强化学习的用户协同接入策略，提高异构网络的系统吞吐量。

VLC 的使用可以弥补很多传统射频通信的不足。首先，VLC 可以极大地提高信息传输速率，甚至可以达到 3.5 Gb/s[163]；同时它能够避免电磁干扰带来的一系列问题，尤其是在医院、飞机场等对电磁环境要求较高的地方；其次，与射频通信相比，VLC 减少了被窃听的风险，提高信息传输的安全性。利用低成本的照明设备，可以在射频传播环境较差或者被屏蔽的区域灵活地构建无线 VLC 网络。然而，传统的基于射频的无线通信技术并不能直接适用于 VLC，以往的研究主要集中在针对 VLC 的信道建模、复用和编码技术等方面，研究表明 VLC 能够支持高效、安全的室内通信[164]。文献 [165-167] 讨论了点对点 VLC 链路的特点和信道模型，文献 [168-170] 提出了 VLC 的多路复用和编码机制，以支持高速传输，提高网络容量。

毫无疑问，VLC 已经成为下一代信息网络的重要组成部分，VLC 与第五代移动通信网络（5G）或者成熟的室内 Wi-Fi 网络的有机结合是未来发展的必然趋势。在这样一个多点对多点的异构网络拓扑中，用户有更多的选择使用何种网络，同时也受到更多来自其他网络的干扰。因此，需要创新的网络和资源、用户的协同机制，来实现网络的最优配置和接入[171]。

一些文献针对室内通信场景，提出了多个基于 VLC 的异构网络组网技术和应用[172-176]。在文献 [172] 中，作者提出了一个由极低误码率的 VLC 下行链路（downlink，DL）和 Zigbee 上行链路（uplink，UL）以及定位系统组成的混合异构网络。在该异构网络中，不但下行信道容量被提高，而且由干扰引起的定位误差也被降低。Bouchet 等在文献 [173] 中利用射频 UL 和自由空间光（free-space optical，FSO）DL 构建了一个传输速率为千兆比特级的家庭网络。在文献 [174] 中，作者提出了一个基于 VLC DL 和 Wi-Fi DL 的双下行链路异构信息网络模型，通过利用宽带高速的 VLC DL 来解决传统射频 DL/UL 网络的传输瓶颈。同时，为了动态优化资源配置和系统下行吞吐量，作者还提出了一个自适应 VLC DL 和 Wi-Fi DL 切换机制。作者在文献 [175] 中研究了 VLC DL 和 Wi-Fi UL 室内异构信息网络的平均系统时延。特别地，本研究将 VLC DL 和 Wi-Fi UL 组成的异构网络命名为 Li-Fi/Wi-Fi（Light Fidelity/Wireless Fidelity，Li-Fi/Wi-Fi）混合异构网络。

为了更好地服务用户请求，VLC 系统中的 LED 必须合理地配置给每一个用户，这个问题称为“接入点（access point，AP）选择”。然而，关于接入点选择的研究通常依赖于能够获取准确的系统状态信息的理想化假设模型，很少考虑系统状态信息部分可知的现实以及 LED 部署的拓扑结构对接入点选择机制的影响。在现实中，业务的突发性和功率约束也使 VLC 用户无法获取整个系统当前的状态信息。用户需要充分利用先验、历史知识，以及尽可能探索未来系统的状态可能来完成当前的接入决策。此外，密集的 LED 部署和复杂的 LED 拓扑结构使 LED 热点接入选择变得更具挑战。多臂老虎机理论作为强化学习家族中一个强有力的成员，能够为高动态、信息不完备的环境中用户的选择提供有力的决策依据 [177-178]。鉴于此，本章针对室内 Li-Fi/Wi-Fi 混合的信息网络，基于多臂老虎机模型，研究该异构网络下用户协同接入问题[179]。

本章的研究内容和贡献主要为以下三点：

(1) 为提高室内 Li-Fi/Wi-Fi 混合异构网络的系统吞吐量，本章首次将多臂老虎机模型引入 LED 接入点的选择过程中。该接入点的选择方法具有环境感知和自学习能力，不依赖于完备的系统状态信息，并通过增强学习理论中探索-利用的概念，实现环境自适应的 LED 接入点选择。同时，本章创新性地定义了累积收益差值函数来度量接入点选择方案的不同性能。

(2) 本章基于指数加权的探索-利用算法（exponential weights for exploration and exploitation，EXP3）和指数加权的线性规划算法（exponentially-weighted algorithm with linear programming，ELP）更新各时刻 LED 接入点的选择决策概率分布。其中，基于 ELP 的接入点选择算法既考虑了系统状态部分可观测条件，又考虑了 LED 接入点的网络拓扑结构。

(3) 基于试错学习（trial-and-error）和适时调节机制，本章推导出了基于 EXP3 迭代算法和基于 ELP 迭代算法累积收益差值函数期望值的理论上界，并通过仿真给出了相关性能分析。仿真结果表明，在不具有完备系统状态信息的情况下，基于多臂老虎机模型的 LED 接入点选择机制能够提高系统的吞吐量。

本章章节安排如下。4.2 节给出了 Li-Fi/Wi-Fi 混合异构网络的系统组成和可见光通信的信道模型。4.3 节介绍了基于多臂老虎机模型 LED 接入点选择过程，并提出了基于 EXP3 的选择决策概率分布更新算法。4.4 节设计了近邻信息交换下 Li-Fi/Wi-Fi 异构网络用户协同接入策略，并提出了基于 ELP 的选择决策概率分布更新算法以及累积收益差值函数期望值的理论上界。4.5 节通过仿真实验验证了本章所提出的用户协同接入算法的有效性。4.6 节为本章总结。

4.2 系统模型

在本章考虑的 Li-Fi/Wi-Fi 混合异构网络中，终端设备与骨干网之间的通信依赖于 VLC DL 和 Wi-Fi UL。

4.2.1 系统组成

在系统模型中，假设室内空间共有 M 个低能耗的 LED 光源，这 M 个 LED 光源组成的集合表示为 $\mathcal{M}=\{1,2,\cdots,M\}$。$N$ 个位置随机分布的移动终端每次接入访问请求的到达时间为 t。其中，这 N 个移动终端组成的集合为 $\mathcal{N}=\{1,2,\cdots,N\}$。因此，相邻的第 i 个与第（$i+1$）个接入访问请求到达的时间间隔可以表示为 $\Delta T_i=t_{i+1}-t_i$。N 个移动终端除了装配有 Wi-Fi UL 模块外，还配备了 VLC DL 处理模块。第 n 个移动终端与第 m 个 LED 光源之间的距离用 d_{nm} 来表示。假设室内任何位置的移动设备都能够接入任何一个 LED 光源，并通过 VLC 从互联网上获取数据包。用户终端的接入控制策略服从决策概率分布（decision probability distribution，DPD）$P=\{p_1,p_2,\cdots,p_M\}$。于是，有 $\sum\limits_{m=1}^{M}p_m=1$，其中 p_m 表示用户终端接入第 m 个 LED 光源的概率。此外，每个 LED 光源的服务时间服从参数为 ς 的负指数分布（离开率）；与此同时，用户接入访问请求之间的间隔也服从参数为 λ 的负指数分布（到达率）。

4.2.2 信道特性

VLC DL 中以一定角度发射出去的光束具有漫反射的链路特性。本节关注室内 VLC 信道的建模，其中直射下行链路如图 4.1(a) 所示，一次反射下行链路如图 4.1(b) 所示。基本信道模型可表示为

$$y(t)=\varGamma x(t)\otimes h(t)+n(t) \tag{4-1}$$

其中，$x(t)$ 和 $y(t)$ 分别表示原始光脉冲和接收机接收到的光信号，$h(t)$ 表示信道脉冲响应（channel impulse response，CIR），$n(t)$ 表示加性高斯白噪声（additive white gaussian noise，AWGN）。公式（4-1）中的符号 $\otimes$ 代表卷积运算。从接收光信号的功率角度来分析，系统的直流功率增益 H 可以由公式 $H=\int_{-\infty}^{+\infty}h(t)\mathrm{d}t$ 计算出来。因此，可以估计出光信号的平均输出功率 P_t[180]：

$$P_t=\lim_{T\to\infty}\frac{1}{2T}\int_{-T}^{T}x(t)\mathrm{d}t \tag{4-2}$$

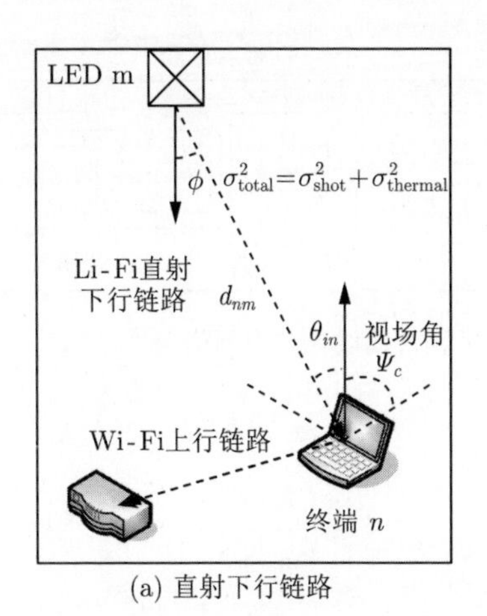

(a) 直射下行链路

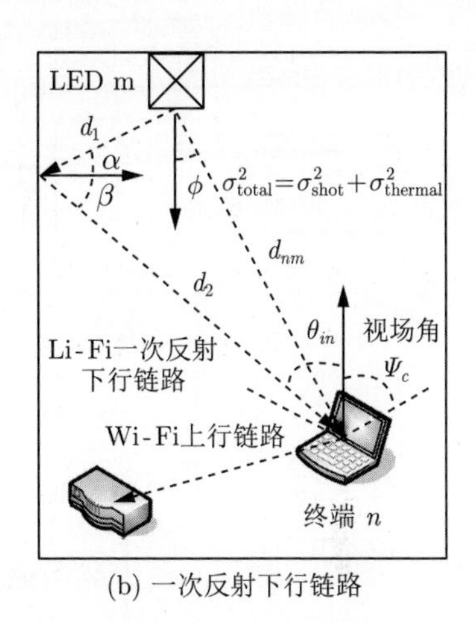

(b) 一次反射下行链路

图 4.1　室内 VLC 直射下行链路和一次反射下行链路模型

同时考虑 VLC 中的 LOS 链路和反射链路，有 $H = H^{\text{los}} + H^{\text{ref}}$，其中 H^{los} 为 LOS 链路的信道增益；H^{ref} 表示反射链路的功率增益。那么，接收到的光信号的功率可以表示为

$$P_r = P_t \times (H^{\text{los}} + H^{\text{ref}}) \tag{4-3}$$

下面具体说明上述两种功率增益。简单起见，本章里的反射链路只考虑如图 4.1 所示的一次反射的情形。

LED 光源可以被认为是一种朗伯特（Lambertian）光源，因此它的辐射强度 $R(\phi)$ 可以表示为

$$R(\phi) = \frac{(\gamma+1)}{2\pi} P_t \cos^{\gamma}(\phi) \tag{4-4}$$

其中，ϕ 表示相对于垂直方向的出射角，γ 是朗伯特系数，它可以根据半功率角 $\phi_{1/2}$ 计算得到 $\gamma = \ln 2/\ln(\cos\phi_{1/2})$。

如图 4.2 所示，VLC 的接收机主要由四个部分组成：滤光器、光集中器、光电检波器[①]和 VLC 解调器。具体来说，接收端视场（field of view，FOV）为 Ψ_c。g_f 和 g_c 分别表示滤光器和光集中器的功率增益，θ_{in} 表示

① 光电检波器的功能是将光信号转换为电信号。

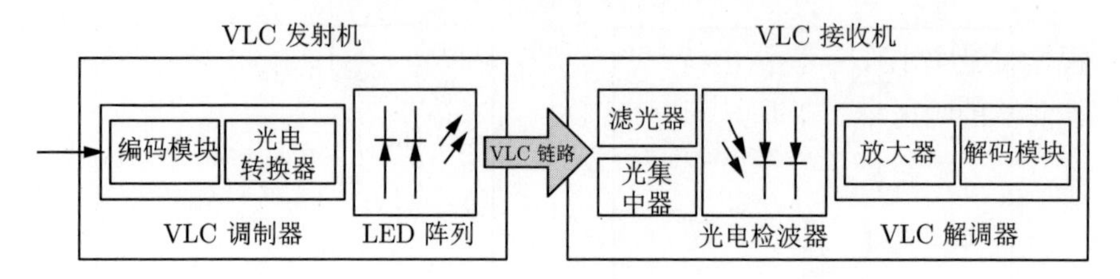

图 4.2 VLC 发射机和接收机模块化内部结构

光束的入射角，那么有

$$g_c(\theta_{\text{in}}) = \begin{cases} \dfrac{\gamma^2}{\sin^2(\varPsi_c)}, & \text{如果}\ 0 \leqslant \theta_{\text{in}} \leqslant \varPsi_c \\ 0, & \text{如果}\ \theta_{\text{in}} > \varPsi_c \end{cases} \tag{4-5}$$

因此，根据文献 [181-182]，第 n 个用户终端和第 m 个 LED 接入节点的 VLC LOS 链路的功耗增益为

$$H_{nm}^{\text{los}} = \begin{cases} \dfrac{(\gamma+1)S}{2\pi d_{nm}^2}\cos^{\gamma}(\phi)g_f(\theta_{\text{in}})g_c(\theta_{\text{in}})\cos(\theta_{\text{in}}), & \text{如果}\ 0 \leqslant \theta_{\text{in}} \leqslant \varPsi_c \\ 0, & \text{如果}\ \theta_{\text{in}} > \varPsi_c \end{cases} \tag{4-6}$$

其中，S 是光电检波器的物理检测面积。对于反射链路，一次反射链路的功率增益可以表示为

$$H_{nm}^{\text{ref}} = \begin{cases} \displaystyle\int_A \frac{(\gamma+1)\rho S}{2\pi^2 d_1^2 d_2^2}\varLambda\cos^{\gamma}(\phi)g_f(\theta_{\text{in}})g_c(\theta_{\text{in}})\cos(\theta_{\text{in}})dA, & \text{如果}\ 0 \leqslant \theta_{\text{in}} \leqslant \varPsi_c \\ 0, & \text{如果}\ \theta_{\text{in}} > \varPsi_c \end{cases} \tag{4-7}$$

其中，ρ 是反射系数，A 表示反射的面积。此外，d_1 表示第 m 个 LED 光源与反射点之间的距离，d_2 为反射点到第 n 个用户终端的距离。公式（4-7）中，$\varLambda = \cos(\alpha)\cos(\beta)$，其中 α 是光束相对于反射点的入射角，β 表示光束相对于反射点反射后的出射角。如图 4.1(b) 所示，几何上有 $d_{nm}^2 = d_1^2 + d_2^2 - 2d_1d_2\cos(\alpha+\beta)$。

根据公式（4-1），AWGN 的功率谱密度为 σ_{total}^2，假定噪声包含了散粒噪声（shot noise）和热噪声（thermal noise），有

$$\sigma_{\text{total}}^2 = \sigma_{\text{shot}}^2 + \sigma_{\text{thermal}}^2 \tag{4-8}$$

根据文献 [181]，q 表示电荷，B 为等效带宽，I_{bg} 为基值电流，ξ 为光电检测器的响应率，于是，可以得到

$$\sigma_{\mathrm{shot}}^2=2q\xi P_r B+2qI_2 I_{\mathrm{bg}}B \tag{4-9}$$

以及

$$\sigma_{\mathrm{thermal}}^2=\frac{8\pi bT_K}{G}\eta SI_2B^2+\frac{16\pi^2bT_K\varGamma}{g_m}\eta^2S^2I_3B^3 \tag{4-10}$$

其中，b 为玻耳兹曼常数（Boltzmann constant），T_K 表示绝对温度。除此之外，G 表示开环电压增益，g_m 为场效应晶体管（field effect transistor，FET）的跨导，$\varGamma$ 为 FET 的信道噪声系数。光电检测器单位面积的固定电容是 η。同时，公式（4-9）和公式（4-10）中的噪声带宽系数分别是 $I_2=0.562$ 和 $I_3=0.0868$。

因此，VLC DL 接收机的信号噪声干扰比 ζ 可以由下面的式子计算 [183-184]：

$$\zeta=\frac{P_r}{\sigma_{\mathrm{total}}^2B+P_I} \tag{4-11}$$

其中，P_I 是接收到的干扰的功率。

4.3　基于多臂老虎机模型的异构网络用户接入

4.3.1　多臂老虎机

本节考虑一个简单的 LED 接入点选择的场景，其中两个处于不同服务状态的 LED，接入后的初始等效收益分别为 0 和 1。不考虑用户决策时每个 LED 的状态的瞬间变化，如果随机选择一个 LED 接入，那么得到的收益为 0 的概率为 1/2，连续两次决策收益均为 0 的概率为 1/4。相比之下，考虑一种基于自学习的接入点选择机制，该机制能够根据学习的历史收益信息、LED 的服务状态和来自环境的信息来调整 LED 接入点的选择，那么将得到一个可观的收益回报。在上述的例子中，如果可以在第一次得到收益 0 的时候减小下一次选择该接入点的概率，那么连续两次决策收益均为 0 的概率将会远小于 1/4。本节的主要目标就是设计一

个性能优越的 LED 接入方案，该方案能够在低计算复杂度的前提下感知学习时变的用户和环境信息，并作出智能决策。

在 VLC 系统中，由于每一个时刻用户所在位置和接入请求的时间都不确定，所以需要一个复杂的 LED 接入点选择方案，以最大化一定时间内系统的总收益。作为一种流行的在线学习算法，多臂老虎机算法能够解决下面这样一个问题：一个玩家面对一个具有多个拉杆的老虎机，在每一个时刻他/她必须决定拉动哪一个拉杆以及在每个拉杆上玩多少次。每一次拉动拉杆，他/她将得到一个收益。每一个拉杆上所产生的收益服从某一个未知的概率分布。游戏的目标是在规定的时间内通过多次拉动拉杆来获得最大的收益[177-178]。基于"探索-开发"（exploration-exploitation）折中的思想，多臂老虎机算法已经成为连续决策的经典算法。这里，探索-开发的折中意味着在有限信息条件下，玩家必须在利用过去行为产生的结果和探索未来新的行为可能带来的更好结果之间做出平衡[185]。

4.3.2 系统决策概率分布

假设每一个 LED 光源能够在最大可用带宽 B 的范围内支持 U 个用户的接入请求。在每一个 LED 内，不同的用户通过频分复用（frequency division multiple access，FDMA）来共享 VLC 信道资源。当第 i 个接入请求在 t_i 时刻到达时，M 个 LED 光源服务用户数量可以表示为向量 $\boldsymbol{u}(t_i)=[u_1(t_i),u_2(t_i),\cdots,u_M(t_i)]$。在第 i 个用户接入请求到达的时候，根据时刻 t_i 的系统决策概率分布 $P(t_i)=\{p_1(t_i),p_2(t_i),\cdots,p_M(t_i)\}$，可以选择 M 个 LED 接入点中的一个或者几个用来服务当前发出请求的用户。决策概率分布表示备选的 M 个 LED 接入点在时刻 t_i 被选择出来服务用户接入请求的概率。如果在时刻 t_i，第 m 个 LED 被选择用来服务第 i 个用户接入请求，那么，此时该用户可以获得的吞吐量表示为

$$Q(t_i,m)=\frac{B}{u_m(t_i)+1}\log_2\left(1+\frac{P_r(t_i)}{\dfrac{\sigma^2_{\text{total}}(t_i)B}{u_m(t_i)+1}+P_I(t_i)}\right) \tag{4-12}$$

其中，$u_m(t_i)\leqslant U-1$。如果对于 $\forall m=1,2,\cdots,M$ 有 $u_m(t_i)=U$，用户的接入访问请求将被拒绝。

4.3.3 累积收益差值函数

接下来，将基于多臂老虎机模型确定每一个时刻系统决策概率分布的更新方法。首先，定义 K 次决策后的累积收益差值函数 $R(K)$，该差值函数表示连续决策后最大理论收益与实际决策后获得收益的差值，有

$$R(K) = \max_{i_1,i_2,\cdots,i_K} \sum_{k=1}^{K} Q(i_k, t_k) - \sum_{k=1}^{K} Q(a_k, t_k) \tag{4-13}$$

其中，$Q(i_k, t_k)$ 表示在时刻 t_k 的第 k 次决策阶段，用户选择可能的接入决策 i_k 时得到的信息传输速率，a_k 为实际选择的接入策略。如果 i_k^* 表示可以得到最大信息传输速率的未知的最优决策，那么累计收益差值函数可以写为

$$R(K) = \sum_{k=1}^{K} Q(i_k^*, t_k) - \sum_{k=1}^{K} Q(a_k, t_k) \tag{4-14}$$

值得注意的是，这里将上文提到的用户收益用信息传输速率来建模。

用户的接入决策依赖于系统决策概率分布 $P(t_i)=\{p_1(t_i), p_2(t_i), \cdots, p_M(t_i)\}$。因此，可以得到因此累计收益差值函数的期望值为

$$\begin{aligned} E[R(K)] =& E\left[\max_{i_1,i_2,\cdots,i_K} \sum_{k=1}^{K} Q(i_k, t_k) - \sum_{k=1}^{K} Q(a_k, t_k)\right] \\ =& \sum_{k=1}^{K} Q(i_k^*, t_k) - E\left[\sum_{k=1}^{K} Q(a_k, t_k)\right] \end{aligned} \tag{4-15}$$

为了进一步帮助后续的分析和证明，这里定义了一个退化的累计收益差值函数:

$$R_P(K) = \max_{i_1,i_2,\cdots,i_K} E\left[\sum_{k=1}^{K} Q(i_k, t_k)\right] - E\left[\sum_{k=1}^{K} Q(a_k, t_k)\right] \tag{4-16}$$

可以很容易地看出 $R_P(K) \leqslant E[R(K)]$。

4.3.4 基于 EXP3 的系统决策概率分布更新

本节研究基于 EXP3 算法[185] 的系统决策概率分布更新规则。具体来说，算法 7 给出了一个用户决策概率分布更新过程，在这个过程中用

户无法在决策前直接观察到收益，除非他已经做出了决定并收到了相应的回报。除此之外，概率更新公式（4-17）同样基于之前已经获得的收益。本研究给出算法 7 的计算复杂度主要取决于每一轮决策中根据公式（4-17）更新 LED 决策概率分布的过程。因此，每一轮决策的计算复杂度为 $O(M)$。在仿真部分，将证明基于 EXP3 系统决策概率分布更新的接入点选择比不考虑任何先验知识的随机选择能获得更大的累计收益。

算法 7 基于 EXP3 的系统决策概率分布更新算法

1: $P(t_1)=\{p_1(t_1),p_2(t_1),\cdots,p_M(t_1)\}$ 表示各分量相等的均匀概率分布；

2: 初始化并归一化用户的吞吐量函数 $\overline{Q}(t_0)=0$，对第 k 个决策轮次，归一化 $\overline{Q}(t_k)\in[0,1]$；

3: 定义一个非增的序列$\delta(k)$，对第 k 个决策轮次，它的值可以表示为 $\delta(k)=\sqrt{\dfrac{2\ln M}{kM}}$（不唯一）；

4: 在时刻 t_k，基于系统决策概率分布 $P(t_k)$ 来选择一个 LED 进行接入，并记为 X_{t_k}；

5: 对于每一个 LED$m=1,2,\cdots,M$，如果 $m=X_{t_k}$，那么选择示性函数值为 $I_{t_k}\{X_{t_k}\}=1$，否则 $I_{t_k}\{X_{t_k}\}=0$；

6: 计算归一化的用户吞吐量函数的一个估计值为$\widehat{Q}_m(X,t_k)=\dfrac{\overline{Q}_m(X,t_k)}{p_m(t_k)}I_{t_k}\{X_{t_k}\}$；

7: 在时刻 t_{k+1}，基于公式（4-17）更新系统决策概率分布，并得到 $P(t_{k+1})$，对于每一个 m 有

$$p_m(t_{k+1})=\frac{\exp\left[-\delta(t_k)\left(k-\sum_{i=1}^{k}\hat{Q}_m\left(X_{t_i},t_i\right)\right)\right]}{\sum_{j=1}^{M}\exp\left[-\delta(t_k)\left(k-\sum_{i=1}^{k}\hat{Q}_j\left(X_{t_i},t_i\right)\right)\right]} \tag{4-17}$$

对算法步骤 6 中定义的对归一化的用户吞吐量的估计形式是一个无偏估计。对于每一个 $m=1,2,\cdots,M$，有

$$E[\widehat{Q}_m(X,t_k)]=\sum_{i=1}^{M}p_i(t_k)\frac{\overline{Q}_i(X,t_k)}{p_i(t_k)}I_{t_k}\{X\}=\overline{Q}_m(X,t_k) \tag{4-18}$$

不失一般性，将使用归一化的用户吞吐量 $\widehat{Q}$ 作为度量。基于上述定义和

假设，公式（4-16）中退化的累计收益差值函数 $R_P(K)$ 的上界可以表示为[185]

$$R_P(K) \leqslant \sqrt{2KM\ln M} \tag{4-19}$$

其中，K 是决策过程的次数。因此，可以得到定理 4.1。

定理 4.1　在一个含有 M 个 LED 接入点的室内 Li-Fi/Wi-Fi 异构网络中，K 为用户接入选择的次数。这样，基于 EXP3 的系统决策概率分布更新方式，退化的累计收益差值函数 $R_P(K)$ 总满足：

$$R_P(K) \leqslant \sqrt{2KM\ln M} \tag{4-20}$$

定理 4.1 的证明详见文献 [185]。

4.4　近邻信息交换下的异构网络用户协同接入

在一个多 LED 配置的室内 Li-Fi/Wi-Fi 混合异构网络中，LED 光源可以有规律地分布在房间内，构成一个无向图形式的接入点拓扑结构。4.3 节中所介绍的基于 EXP3 算法的多臂老虎机的接入点选择机制忽略了 LED 的部署位置和拓扑结构，同时也没有考虑到决策过程信息的交换和用户的协同。在本节中，将研究更为复杂的近邻信息交换条件下基于多臂老虎机模型的接入点选择机制，该机制同时考虑了 LED 部署的拓扑结构，以及决策过程中邻居 LED 接入点的状态信息。接下来，将首先介绍 ELP 更新算法[186]，然后证明出累计收益差值函数的期望值的上界。

4.4.1　LED 网络拓扑结构

定义 $\varUpsilon(t_k)$ 表示在时刻 t_k 有 M 个 LED 光源的拓扑结构。考虑一个固定的 LED 部署方案，有 $\varUpsilon(t_1)=\varUpsilon(t_2)=\cdots=\varUpsilon(t_K)=\varUpsilon$。每对相邻的 LED 都由光纤连接。假设 M 个 LED 光源组成了一个晶格网络。对于每一个光源 $m=1,2,\cdots,M$，定义 m 的邻居集合为 N_m，在本章中，集合 N_m 包含 LEDm 自身。$\varDelta$ 表示图 $\varUpsilon$ 的最大独立集①的大小。给出 s_m

① 在图论中，独立集是一些顶点的集合，集合中的任意两个顶点都不相邻。最大独立集是给定拓扑结构的所有独立集中集合大小最大的集合，该集合的大小被表示为 $\varDelta$。

和 ε 为两个辅助变量，且满足：

$$s_m = \mathop{\arg\max}_{\forall m, s_m \geqslant 0, \sum_{m=1}^{M} s_m = 1} \min_{j \in \mathcal{M}} \sum_{l \in N_j} s_l \tag{4-21}$$

以及

$$\varepsilon = \frac{\varphi \mu}{\min\limits_{j \in \mathcal{M}} \sum\limits_{l \in N_j} s_l} \tag{4-22}$$

其中，φ 是关于近邻信息的固定的参数，对于 $\forall l \in N_j$，有 $\Pr(\widehat{Q}_l \leqslant \varphi) = 1$ 和 $\mu \in (0, 1/2\varphi M)$。具体来说，$s_m$ 表示网络拓扑结构中 LED 光源的连接关系。优化问题（4-21）旨在平衡自学习过程中“利用”和“开发”的程度。此外，公式（4-22）中的 ε 可以被看成一个归一化参数。

4.4.2 基于 ELP 的系统决策概率分布更新

4.4.1 节对 LED 网络拓扑结构进行了抽象和量化，本节将提出基于 ELP 的系统决策概率分布更新算法，参见算法 8。

考虑每个 LED 光源服务的用户数量可能随时间而变化，更多的 LED 状态信息应该被用来辅助用户的接入决策。然而，时刻跟踪 VLC 系统的状态信息会导致更多的额外开销以及更复杂的 LED 连接。ELP 算法基于晶格网络中相邻 LED 之间的信息交换对系统决策概率分布进行更新，称为“近邻信息交换”。具体来说，根据公式（4-23），基于 ELP 的系统决策概率分布更新过程取决于两个参数，其中 s_m 反映了 LED 光源之间的连接关系，权重变量 w_m 反映了用户的接入收益和决策。对比于 EXP3 算法中的公式（4-17），算法 8 中更多的先验信息被用于更新 t_{k+1} 时刻的系统决策概率分布，也就是考虑了 LED 的拓扑结构和近邻观测信息。至于 ELP 算法的计算复杂度，最复杂的一个步骤是确定辅助变量 s_m 的值，这需要求解线性优化问题（4-21）。求解该线性优化问题的计算复杂度为 $O(k^M)$。与此同时，算法 8 中完成步骤 4~ 步骤 7 的计算复杂度为 $O(M)$。因此，基于 ELP 算法的每一次决策过程的计算复杂度为 $O(k^M)+O(M)$。由于 LED 网络经过配置后拓扑结构不随时间变化，只需要计算 s_m 一次，于是，该算法的计算复杂度可以被近似看成 $O(M)$。

算法 8 基于 ELP 的系统决策概率分布更新算法

1: 根据 LED 拓扑结构 Υ 确定节点邻居集合 $N_m, m=1,2,\cdots,M$, ε 以及 s_m, $m=1,2,\cdots,M$;
2: 初始化并归一化用户的吞吐量函数 $\overline{Q}(t_0)=0$，对第 k 个决策轮次，归一化 $\overline{Q}(t_k)\in[0,1]$;
3: 对于 $\forall m$，初始化一组权重变量 $w_m(t_1)=1/M$;
4: 在时刻 t_k，基于系统决策概率分布 $P(t_k)$ 来选择一个 LED 进行接入，并记为 X_{t_k}，对于 $P(t_k)$ 中的每一个元素 $p_m(t_k)$，有

$$p_m(t_k)=(1-\varepsilon)\frac{w_m(t_k)}{\sum\limits_{m=1}^{M}w_m(t_k)}+\varepsilon s_m \tag{4-23}$$

5: 计算归一化的用户吞吐量的无偏估计值 $\widehat{Q}_j$ 对于 $j\in N_{X_{t_k}}$;
6: 对于 $j\in N_{X_{t_k}}$，计算 $\widetilde{Q}_j(t_k)=\widehat{Q}_j/\sum\limits_{l\in N_{X_{t_k}}}p_l(t_k)$，而对于 $j\notin N_{X_{t_k}}$，设定 $\widetilde{Q}_j(t_k)=0$;
7: 在时刻 t_{k+1}，更新权重值 $w_m(t_{k+1})=w_m(t_k)\exp\left[\mu\widetilde{Q}_m(t_k)\right]$。

4.4.3 累积收益差值期望值的理论上界

本节将给出基于 ELP 算法的累计收益差值的期望值的上界。基于图论[186] 给出引理 4.1 和引理 4.2。

引理 4.1 Υ 是一个具有 M 个节点的图，它的独立数 Δ 表示 Υ 的最大独立集的大小。集合 N_m 表示节点 m 的邻居集合（包含节点 m 本身)。若 $w_1,w_2,\cdots,w_M$ 为 M 个节点任意的一组非负权值（且不都是 0)，有

$$\sum_{m=1}^{M}\frac{w_m}{\sum\limits_{l\in N_m}w_l}\leqslant\Delta \tag{4-24}$$

证明： 假设存在 M 个非负且不均为 0 的权值 $w_1,w_2,\cdots,w_M$ 满足 $\sum\limits_{m=1}^{M}w_m\Big/\sum\limits_{l\in N_m}w_l>\Delta$。考虑一个特殊的情况，其中非零的权值被分配到独立集 I_S 中的节点，其他节点的权值为 0。那么不等式的左边可以表示为

$$\sum_{m=1}^{M}\frac{w_m}{\sum\limits_{l\in N_m}w_l}=\sum_{m\in I_S}\frac{w_m}{w_m}=|I_S| \tag{4-25}$$

其中，$|I_S|$ 表示集合 I_S 的大小。考虑到集合 I_S 是图 $\varUpsilon$ 的一个独立集，可以得到 $|I_S|\leqslant\varDelta$。因此，一定至少存在两个相邻的节点，记为 r 和 s，有 $w_r>0$ 和 $w_s>0$。定义常数 C，使 $w_r+w_s=C$，并且固定其他节点的权值。上述不等式的左边可以被分为 6 个部分：

$$\begin{aligned}&\frac{w_r}{C+\sum\limits_{l\in N_r\backslash r,s}w_l}+\frac{C-w_r}{C+\sum\limits_{l\in N_s\backslash r,s}w_l}+\sum_{m:\{r,s\}\bigcap N_m=s}\frac{w_m}{C-w_r+\sum\limits_{l\in N_m\backslash s}w_l}+\\&\sum_{m:\{r,s\}\bigcap N_m=r}\frac{w_m}{w_r+\sum\limits_{l\in N_m\backslash r}w_l}+\sum_{m:m\notin\{r,s\},r,s\in N_m}\frac{w_m}{C+\sum\limits_{l\in N_m\backslash r,s}w_l}+\\&\sum_{m:\{r,s\}\bigcap N_m=\varnothing}\frac{w_m}{\sum\limits_{l\in N_m}w_l}\end{aligned} \tag{4-26}$$

可以看出这 6 个部分关于 w_r 都是凸的。因此可以得到公式（4-26）的最大值必须在 $w_r=0$ 或者 $w_r=C$ 时得到。这意味着具有非零权值的节点必须是不相邻的，这与至少有两个相邻节点具有非零权值的假设相矛盾。因此，我们考虑的特殊情况为最优解，有 $\sum\limits_{m=1}^{M}w_m\Big/\sum\limits_{l\in N_m}w_l\leqslant\varDelta$。

引理 4.2 $\varUpsilon$ 是一个具有 M 个节点的图，它的独立数 $\varDelta$ 表示 $\varUpsilon$ 的最大独立集的大小。集合 N_m 表示节点 m 的邻居集合（包含节点 m 本身）。那么一定存在一组值 $v_1,v_2,\cdots,v_M$，且满足

$$\frac{1}{\min\limits_{m=1,2,\cdots,M}\sum\limits_{l\in N_m}v_l}\leqslant\varDelta \tag{4-27}$$

证明: χ 为图 $\varUpsilon$ 的最大独立集，那么有 $|\chi|=\varDelta$。考虑这样一组 M 个值，满足对于 $\forall m\in\chi$，有 $v_m=1/\varDelta$；否则 $v_m=0$。假设存在节点 m 使 $\sum\limits_{l\in N_m}v_l=0$，这表示节点 m 不与 χ 中的任何一个节点相邻。根据独立

集的定义和性质，可以得到 $\chi \cup m$ 也是一个独立集。这与假设 χ 是最大独立集矛盾。因此，可以得到 $\sum_{l \in N_m} v_l \geqslant 1/\varDelta$。

考虑到一个具有 x 行和 y 列的 LED 晶格网络拓扑，其中 $x \times y = M$，相邻的 LED 光源之间通过光纤连接，可以交换决策信息。基于 ELP 的系统决策概率分布更新算法，累积收益差值期望值的理论上界可以由定理 4.2 得到。更一般的情况，如果 M 个 LED 按照某一个特定的拓扑关系进行连接，基于 Bron-Kerbosch 算法 [187-188] 可以得到该拓扑下的独立数，那么基于 ELP 的系统决策概率分布更新算法，累积收益差值期望值的理论上界可以由定理 4.3 得到。可以看出，定理 4.3 是定理 4.2 更一般的形式，下面将给出定理 4.3 的证明过程。在给出两个定理之前，有必要先给出引理 4.3，以便后续证明。

引理 4.3 对于 $\forall x \in [0,1]$，不等式 $e^x \leqslant 1 + x + (e-2)x^2$ 恒成立。

证明: 将 e^x 进行泰勒展开得到

$$e^x = 1 + x + \frac{1}{2!}x^2 + \frac{1}{3!}x^3 + \cdots \tag{4-28}$$

令 $x = 1$，公式（4-28）可以被改写为

$$e - 2 = \frac{1}{2!} + \frac{1}{3!} + \cdots \tag{4-29}$$

当 $0 \leqslant x \leqslant 1$，我们可以得到：

$$\frac{1}{2!}x^2+\frac{1}{3!}x^3+\cdots = \left(\frac{1}{2!} + \frac{1}{3!}x + \cdots\right)x^2 \leqslant \left(\frac{1}{2!} + \frac{1}{3!} + \cdots\right)x^2 = (e-2)x^2 \tag{4-30}$$

结合公式（4-28）和公式（4-30），对于 $\forall x \in [0,1]$，有

$$e^x \leqslant 1 + x + (e-2)x^2 \tag{4-31}$$

定理 4.2 在 Li-Fi/Wi-Fi 室内异构网络中，M 个 LED 光源构成了一个 $x \times y$ 的晶格网络。φ 为一个定值，且满足 $\mu \in (0, 1/2\varphi M)$，$K$ 是用户总的接入点决策次数。基于 ELP 的系统决策概率分布更新算法，累

积收益差值的期望值满足：

$$E[R(K)]\leqslant\begin{cases}\varphi\sqrt{(e-1)Kxy\log(M)}, & x\text{是偶数}\\ \varphi\sqrt{2(e-1)K\left(y\left\lfloor\dfrac{x}{2}\right\rfloor+\dfrac{y}{2}\right)}, & x\text{是奇数}, y\text{是偶数}\\ \varphi\sqrt{2(e-1)K\left(y\left\lfloor\dfrac{x}{2}\right\rfloor+\left\lfloor\dfrac{y}{2}\right\rfloor+1\right)\log(M)}, & x\text{是奇数}, y\text{是奇数}\end{cases}\tag{4-32}$$

其中，符号 $\lfloor\bullet\rfloor$ 表示向下取整函数。

定理 4.3 在 Li-Fi/Wi-Fi 室内异构网络中，M 个 LED 构成了一个特定的拓扑。K 是用户总的接入点决策次数。基于 ELP 的系统决策概率分布更新算法，累积收益差值的期望值满足：

$$E[R(K)]\leqslant\varphi\sqrt{2(e-1)K\Delta\log(M)}\tag{4-33}$$

其中 Δ 可以通过算法 9 给出。

证明: 算法 8 中的权重变量可以改写为

$$w_{\mathrm{m}}(t_{k+1})=\begin{cases}w_m(t_k)e^{\mu\widetilde{Q}_m(t_k)}, & m\in N_{X_{t_k}}\\ w_m(t_k), & \text{其他情况}\end{cases}\tag{4-34}$$

那么有 $w_m(t_{k+1})\leqslant w_m(t_k)e^{\mu\widetilde{Q}_m(t_k)}$。令 $W(t_k)=\sum\limits_{m=1}^{M}w_m(t_k)$，有：

$$\frac{W(t_{k+1})}{W(t_k)}=\sum_{m=1}^{M}\frac{w_m(t_{k+1})}{W(t_k)}\leqslant\sum_{m=1}^{M}\frac{w_m(t_k)}{W(t_k)}e^{\mu\widetilde{Q}_m(t_k)}\tag{4-35}$$

根据引理 4.3 中的不等式 $e^x\leqslant 1+x+(e-2)x^2$，公式（4-35）可以放缩为

$$\sum_{m=1}^{M}\frac{w_m(t_{k+1})}{W(t_k)}\leqslant\sum_{m=1}^{M}\frac{w_m(t_k)}{W(t_k)}\left[1+\mu\widetilde{Q}_m(t_k)+(e-2)\mu^2\widetilde{Q}_m^2(t_k)\right]\tag{4-36}$$

根据 ELP 算法，将 $w_m(t_{k+1})/W(t_k)$ 由 $(p_m(t_k)-\varepsilon s_m)/(1-\varepsilon)$ 替换，

得到：

$$\begin{aligned}&\sum_{m=1}^{M}\frac{p_m(t_k)-\varepsilon s_m}{1-\varepsilon}\left[1+\mu\widetilde{Q}_m(t_k)+(e-2)\mu^2\widetilde{Q}_m^2(t_k)\right]\leqslant\\&1+\frac{\mu}{1-\varepsilon}\sum_{m=1}^{M}p_m(t_k)\widetilde{Q}_m(t_k)+\frac{(e-2)\mu^2}{1-\varepsilon}\sum_{m=1}^{M}p_m(t_k)\widetilde{Q}_m^2(t_k)\end{aligned}\tag{4-37}$$

利用不等式 $\log(1+x)\leqslant x$，可以得到：

$$\begin{aligned}&\log\left(\frac{W(t_{k+1})}{W(t_k)}\right)\leqslant\\&\frac{\mu}{1-\varepsilon}\sum_{m=1}^{M}p_m(t_k)\widetilde{Q}_m(t_k)+\frac{(e-2)\mu^2}{1-\varepsilon}\sum_{m=1}^{M}p_m(t_k)\widetilde{Q}_m^2(t_k)\end{aligned}\tag{4-38}$$

算法 9　基于 Bron-Kerbosch 算法的独立数计算[①]

1: 初始化：输入图 Υ 的邻接矩阵 $\boldsymbol{A}$，V 是所有顶点的集合，并定义两个空的集合 R 和 X；
2: 矩阵变换：计算图 Υ 的补图[②]的邻接矩阵 $\boldsymbol{A}'$，基于 $\boldsymbol{A}'$，节点 v 的邻居的集合用 $N(v)$ 表示；
3: 定义 BronKerbosch 函数：$R=\text{BronKerbosch}(R,V,X)$；
4: **if** V 和 X 是空的 **then**
5: 　R 是一个最大团[③]；
6: **else**
7: 　选择集合 $V\bigcup X$ 中的一个顶点 u；
8: 　**for** 对于集合 $V\setminus N(u)$ 中的每一个顶点 v **do**
9: 　　调用函数 BronKerbosch $(R\bigcup\{v\},V\bigcap N(v),X\bigcap N(v))$；
10: 　　赋值 $V:=V\setminus\{v\}$；
11: 　　赋值 $X:=X\bigcup\{v\}$；
12: 　**end for**
13: **end if**
14: 最大团的大小即独立数 $\varDelta$；

① 在计算机科学中，Bron-Kerbosch 算法被用来寻找一个无向图的最大团[187]。

② 在图论中，图 Υ 的补图是一个与图 Υ 有着相同的顶点，且在补图中这些顶点有边相连当且仅当它们之间在图 Υ 中没有边相连。

③ 在图论中，团（clique）是与独立集对立的概念，一个图的每一个团相当于它的补图中的独立集。

考虑到 K 轮决策，对公式（4-38）求和：

$$\sum_{k=1}^{K}\log\left(\frac{W(t_{k+1})}{W(t_k)}\right)=\log\left(\frac{W(t_{K+1})}{W(t_1)}\right)\leqslant \sum_{k=1}^{K}\frac{\mu}{1-\varepsilon}\sum_{m=1}^{M}p_m(t_k)\widetilde{Q}_m(t_k)+\sum_{k=1}^{K}\frac{(e-2)\mu^2}{1-\varepsilon}\sum_{m=1}^{M}p_m(t_k)\widetilde{Q}_m^2(t_k) \tag{4-39}$$

此外，对于任意的 $m=1,2,\cdots,M$，有

$$\log\left(\frac{W(t_{K+1})}{W(t_1)}\right)\geqslant\log\left(\frac{w_m(t_{K+1})}{W(t_1)}\right)=\mu\sum_{k=1}^{K}\widetilde{Q}_m(t_k)-\log(M) \tag{4-40}$$

基于公式（4-39）和公式（4-40），可以得到下面的不等式：

$$\mu\sum_{k=1}^{K}\widetilde{Q}_m(t_k)-\log(M)\leqslant\sum_{k=1}^{K}\frac{\mu}{1-\varepsilon}\sum_{m=1}^{M}p_m(t_k)\widetilde{Q}_m(t_k)+\sum_{k=1}^{K}\frac{(e-2)\mu^2}{1-\varepsilon}\sum_{m=1}^{M}p_m(t_k)\widetilde{Q}_m^2(t_k) \tag{4-41}$$

它可以被改写为

$$\sum_{k=1}^{K}\widetilde{Q}_m(t_k)-\sum_{k=1}^{K}\frac{1}{1-\varepsilon}\sum_{m=1}^{M}p_m(t_k)\widetilde{Q}_m(t_k)\leqslant\frac{\log(M)}{\mu}+\sum_{k=1}^{K}\frac{(e-2)\mu}{1-\varepsilon}\sum_{m=1}^{M}p_m(t_k)\widetilde{Q}_m^2(t_k) \tag{4-42}$$

此外，由于

$$E\left[\sum_{k=1}^{K}\widetilde{Q}_m(t_k)\right]=\sum_{k=1}^{K}\sum_{i=1}^{M}p_i(t_k)E\left[\widetilde{Q}_m(t_k)\,|\text{select } i\right] \tag{4-43}$$

那么，有

$$E\left[\sum_{k=1}^{K}\widetilde{Q}_m(t_k)\right]=\sum_{k=1}^{K}\sum_{i\in N_m}p_i(t_k)\frac{\overline{Q}_m(t_k)}{\sum\limits_{l\in N_m}p_l(t_k)}=\sum_{k=1}^{K}\overline{Q}_m(t_k) \tag{4-44}$$

与公式（4-43）相似，可以得到下面的表达式：

$$E\left[\sum_{m=1}^{M} p_m(t_k)\widetilde{Q}_m^2(t_k)\right] = \sum_{i,m=1}^{M} p_m(t_k)p_i(t_k)E\left[\widetilde{Q}_m^2(t_k)\,|\text{select } i\right] \tag{4-45}$$

由于 $\widetilde{Q}_m \leqslant \varphi$，可以得到

$$E\left[\sum_{m=1}^{M} p_m(t_k)\widetilde{Q}_m^2(t_k)\right] \leqslant \sum_{m=1}^{M}\sum_{i\in N_m} p_m(t_k)p_i(t_k)\frac{\varphi^2}{\left(\sum\limits_{l\in N_m} p_l(t_k)\right)^2} = \varphi^2\sum_{m=1}^{M}\frac{p_m(t_k)}{\sum\limits_{l\in N_m} p_l(t_k)} \tag{4-46}$$

基于公式（4-44）和公式（4-46），对公式（4-42）两边同时求期望：

$$\begin{aligned}&\sum_{k=1}^{K}\overline{Q}_m(t_k) - \sum_{k=1}^{K}\sum_{m=1}^{M}\frac{1}{1-\varepsilon}p_m(t_k)\overline{Q}_m(t_k) \leqslant \\ &\frac{\log(M)}{\mu} + \sum_{k=1}^{K}\sum_{m=1}^{M}\frac{(e-2)\mu\varphi^2}{1-\varepsilon}\frac{p_m(t_k)}{\sum\limits_{l\in N_m} p_l(t_k)}\end{aligned} \tag{4-47}$$

根据 φ 和 s_m 的定义，ε 可以界定为

$$\varepsilon = \frac{\varphi\mu}{\min\limits_{j\in\mathcal{M}}\sum\limits_{l\in N_j} s_l} \leqslant \frac{\varphi\mu}{\min\limits_{j\in\mathcal{M}}\sum\limits_{l\in N_j}\frac{1}{M}} \leqslant \varphi\mu M \leqslant \frac{1}{2} \tag{4-48}$$

因此，有

$$\varepsilon(1-2\varepsilon) \geqslant 0 \tag{4-49}$$

进一步，公式（4-49）可以写为

$$\frac{1}{1-\varepsilon} \leqslant 2\varepsilon + 1 \leqslant 2 \tag{4-50}$$

因此，得到

$$
\begin{aligned}
&\sum_{k=1}^{K}\overline{Q}_m(t_k)-\sum_{k=1}^{K}\sum_{m=1}^{M}(2\varepsilon+1)p_m(t_k)\overline{Q}_m(t_k)\leqslant\\
&\sum_{k=1}^{K}\overline{Q}_m(t_k)-\sum_{k=1}^{K}\sum_{m=1}^{M}\frac{1}{1-\varepsilon}p_m(t_k)\overline{Q}_m(t_k)
\end{aligned}
\tag{4-51}
$$

结合公式（4-51）和公式（4-47），可以得到

$$
\begin{aligned}
&\sum_{k=1}^{K}\overline{Q}_m(t_k)-\sum_{k=1}^{K}\sum_{m=1}^{M}p_m(t_k)\overline{Q}_m(t_k)\leqslant\\
&2\sum_{k=1}^{K}\sum_{m=1}^{M}\varepsilon p_m(t_k)\overline{Q}_m(t_k)+\frac{\log(M)}{\mu}+\sum_{k=1}^{K}\sum_{m=1}^{M}\frac{(e-2)\mu\varphi^2}{1-\varepsilon}\frac{p_m(t_k)}{\sum\limits_{l\in N_m}p_l(t_k)}\leqslant\\
&2\varphi\sum_{k=1}^{K}\varepsilon+\frac{\log(M)}{\mu}+\sum_{k=1}^{K}\sum_{m=1}^{M}\frac{(e-2)\mu\varphi^2}{1-\varepsilon}\frac{p_m(t_k)}{\sum\limits_{l\in N_m}p_l(t_k)}
\end{aligned}
\tag{4-52}
$$

将 ε 的定义代入公式（4-52）得

$$
\begin{aligned}
&\sum_{k=1}^{K}\overline{Q}_m(t_k)-\sum_{k=1}^{K}\sum_{m=1}^{M}p_m(t_k)\overline{Q}_m(t_k)\leqslant\\
&2\varphi\sum_{k=1}^{K}\frac{\varphi\mu}{\min\limits_{j\in M}\sum\limits_{l\in N_j}s_l}+\frac{\log(M)}{\mu}+\sum_{k=1}^{K}\sum_{m=1}^{M}\frac{(e-2)\mu\varphi^2}{1-\varepsilon}\frac{p_m(t_k)}{\sum\limits_{l\in N_m}p_l(t_k)}\leqslant\\
&2\mu\varphi^2\left(\sum_{k=1}^{K}\frac{1}{\min\limits_{j\in M}\sum\limits_{l\in N_j}s_l}+\sum_{k=1}^{K}\sum_{m=1}^{M}(e-2)\frac{p_m(t_k)}{\sum\limits_{l\in N_m}p_l(t_k)}\right)+\frac{\log(M)}{\mu}
\end{aligned}
\tag{4-53}
$$

根据引理 4.1 和引理 4.2 ，以及 m 的随机性，累计收益差值的期望值可

以表示为

$$E[R(K)] = \sum_{k=1}^{K} \overline{Q}(i_k^*, t_k) - E\left[\sum_{k=1}^{K} \overline{Q}(a_k, t_k)\right] \leqslant 2\mu\varphi^2(e-1)K\varDelta + \frac{\log(M)}{\mu} \tag{4-54}$$

其中，i_k^* 是第 k 次决策的理论最优接入策略，a_k 是实际采用的接入策略。根据几何不等式，令 $\mu = \sqrt{\dfrac{\log(M)}{2\varphi^2(e-1)K\varDelta}}$，可以得到

$$E[R(K)] \leqslant \varphi\sqrt{2(e-1)K\varDelta\log(M)} \tag{4-55}$$

对于晶格网络拓扑结构，可以从公式（4-55）得到定理 4.2 的结论。

4.5 仿真分析

4.5.1 参数设置

正如上文所说，本研究提出的用户协同接入策略不需要有关系统的全局信息，在更新决策概率分布时，只需要知道用户在上一个时刻决策后所获得的收益以及所接入节点的邻居节点的相关信息。此外，本研究提出的基于 ELP 算法的接入点选择机制的计算复杂度更低。本节将比较相关用户接入算法的性能。仿真所使用的计算机处理器为英特尔酷睿 i7-8700@3.20 GHz，内存为 8 GB；仿真工具为 MATLAB R2016b。

在室内 Li-Fi/Wi-Fi 异构场景中，室内空间长为 30 m，宽为 20 m，30 个 LED 光源按照 5×6 晶格网络拓扑部署在高度为 3 m 的天花板上，如图 4.3 所示。移动终端随机分布在房间内高度为 1.5 m 的区域。不失一般性，假设每个 LED 发射机具有相同的处理能力。此外，假设每个 LED 服务的用户的离开率为 ς。4.2.2 节描述的 VLC 链路的特性相关参数见表 4.1。具体来说，玻耳兹曼常数为 $b = 1.38\times 10^{-23}$，电子电荷量为 $q = 1.6\times 10^{-19}$C。平均输出光功率 P_t 为 200 W，开环电压增益 $G = 10$，VLC 系统的带宽为 $B = 10$ MHz。光电检波器的单位面积电容 $\eta = 1.12\times 10^{-6}$，响应率 $\xi = 0.8$，以及物理检测面积 $S = 1\ \mathrm{cm}^2$[183]。场效应管的噪声系数 $\varGamma = 1.5$，跨导 $g_m = 3\times 10^{-2}$，基值电流 $I_{\mathrm{bg}} = 5.1\times 10^{-3}$ A。

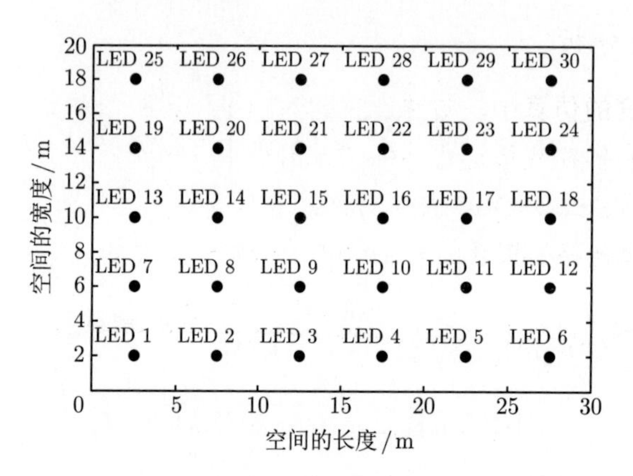

图 4.3　空间中 30 个发光二极管位置分布

表 4.1　仿真参数设置

仿真参数	取值
室内空间长度	30 m
室内空间宽度	20 m
LED 光源数	30
LED 光源高度	3 m
移动终端高度	1.5 m
晶格网络参数	5×6
玻耳兹曼常数 b	1.38×10^{-23}
电子电荷量 q	1.6×10^{-19}C
平均输出光功率 P_t	200 W
VLC 系统带宽 B	10 MHz
开环电压增益 G	10
光电检波器单位面积电容 η	1.12×10^{-6}
FET 噪声系数 $\varGamma$	1.5
FET 跨导 g_m	3×10^{-2}
基值电流 $I_{\rm bg}$	5.1×10^{-3} A
光电检波器的响应率 ξ	0.8
光电检波器物理检测面积 S	1cm^2
接入请求到达率 λ	0.5

4.5.2　性能分析

在本研究的仿真中，被选择链路的归一化吞吐量和系统的归一化吞吐量，以及它们在决策过程中的累计值被用来衡量不同接入点选择机制的性能。根据公式（4-12）中定义的第 i 轮决策时所获得的吞吐量，K 次决策后被选择链路的累计归一化吞吐量可以定义为

$$
\begin{aligned}
\overline{Q}_K &= \sum_{i=1}^{K} Q(t_i, m)/Q_{\max}(t_i) \\
&= \sum_{i=1}^{K} \frac{B}{(u_m(t_i)+1)/Q_{\max}(t_i)} \log_2 \left(1 + \frac{P_r(t_i)}{\dfrac{\sigma_{\text{total}}^2(t_i)B}{u_m(t_i)+1} + P_I(t_i)} \right)
\end{aligned} \tag{4-56}
$$

其中，$Q_{\max}(t_i)$ 是第 i 轮决策时理论上能获得的最大吞吐量值，也就是已知全局信息计算得到的最大吞吐量值。考虑到所有工作的 LED 光源，第 i 轮决策时系统的归一化吞吐量为

$$
Q_S(t_i) = \sum_{j=1}^{M} Q_j(t_i)/Q_{j\max}(t_i) \tag{4-57}
$$

其中，$Q_j(t_i)$ 是第 j 条 VLC 链路在 t_i 时刻的吞吐量，$Q_{j\max}(t_i)$ 表示 $Q_j(t_i), j=1,2,\cdots,M$ 中的最大值。此外，K 次决策后系统的累计归一化吞吐量可以定义为

$$
\overline{Q}_S = \sum_{i=1}^{K}\sum_{j=1}^{M} Q_j(t_i)/Q_{j\max}(t_i) \tag{4-58}
$$

由于累积的归一化吞吐量 $\overline{Q}_K$ 和 $\overline{Q}_S$ 是决策轮次的增函数，在这里，限定决策的总次数为 $K=300$。此外，仿真实验重复 1000 次，以便得到统计意义上的结果。

图 4.4 和图 4.5 分别比较了不同 LED 接入选择机制下被选择链路的归一化吞吐量、系统的归一化吞吐量和决策的轮次 K 的关系。图 4.6 和图 4.7 则分别衡量了不同 LED 接入选择机制下它们的累计归一化吞吐量性能。本研究比较了基于 EXP3 算法的接入点选择机制，基于 ELP 算法的

接入点选择机制和随机选择机制。在随机选择机制中，每一个决策时刻的用户以相同的决策概率 $1/M$ 接入任何一个 LED。假设 LED 中每一个接入请求被服务完毕的时间间隔服从参数为 $\varsigma = 0.2$ 的负指数分布。此外，每一个 LED 初始状态服务的用户数量 $\boldsymbol{u}(t_1) = [u_1(t_1), u_2(t_1), \cdots, u_{30}(t_1)]$ 是 $[1, 30]$ 中一个随机的数。从图中可以看出，随着决策轮数的增加，基于 EXP3 和基于 ELP 的接入点选择机制的累计归一化吞吐量明显高于随机选择的。此外，依靠更多的近邻观测信息和 LED 连接的 ELP 算法具有最优的吞吐量性能。

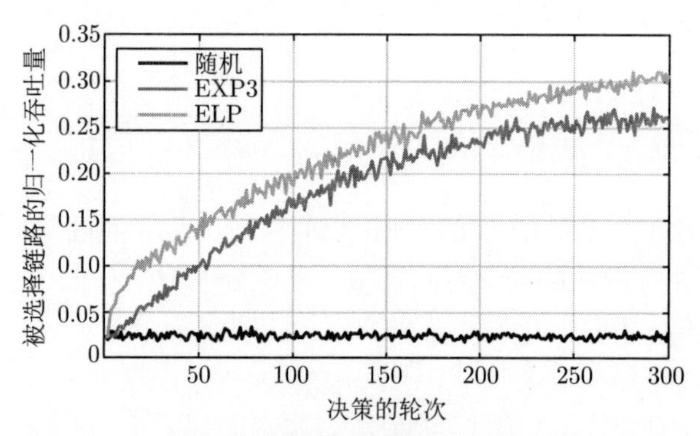

图 4.4 不同 LED 接入选择机制下被选择链路的归一化吞吐量和决策的轮次的关系

仿真结果由公式（4-12）计算得到

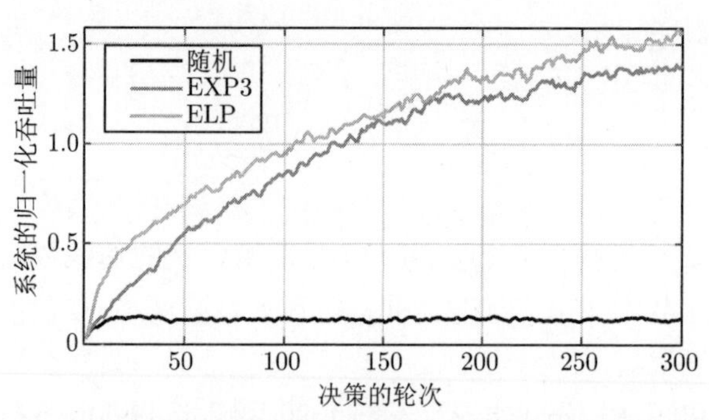

图 4.5 不同 LED 接入选择机制下系统的归一化吞吐量和决策的轮次的关系

仿真结果由公式（4-57）计算得到

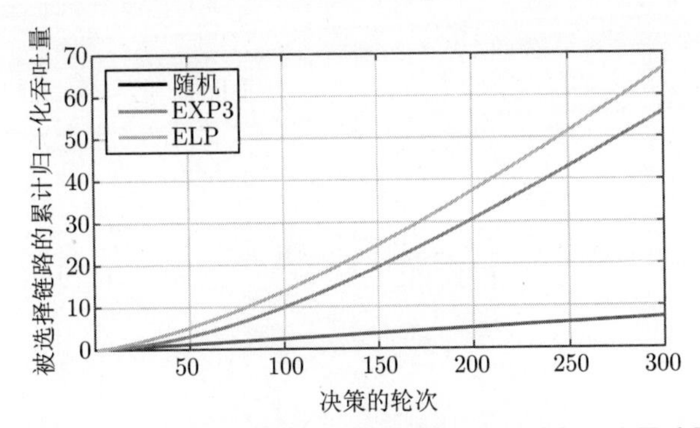

图 4.6　不同 LED 接入选择机制下被选择链路的累计归一化吞吐量和决策的轮次的关系

仿真结果由公式（4-56）计算得到

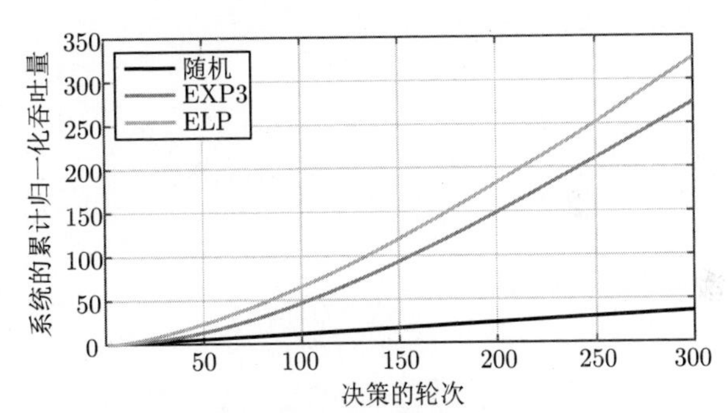

图 4.7　不同 LED 接入选择机制下系统的累计归一化吞吐量和决策的轮次的关系

仿真结果由公式（4-58）计算得到

图 4.8 和图 4.9 分别描绘了在 EXP3 选择算法下和 ELP 选择算法下，每一个决策轮次的决策概率分布。同上，假设 LED 中每一个接入请求被服务完毕的时间间隔服从参数为 $\varsigma = 0.2$ 的负指数分布。此外，每一个 LED 初始状态服务的用户数随机分布在 $1 \sim 30$ 之间。不失一般性，固定用户终端的位置在（14.5 m，8.4 m）处以保证曲线的光滑。经过了 500 轮的决策，可以得出结论，决策概率分布主要取决于每个 LED 的服务状态以及上一时刻的用户决策收益。

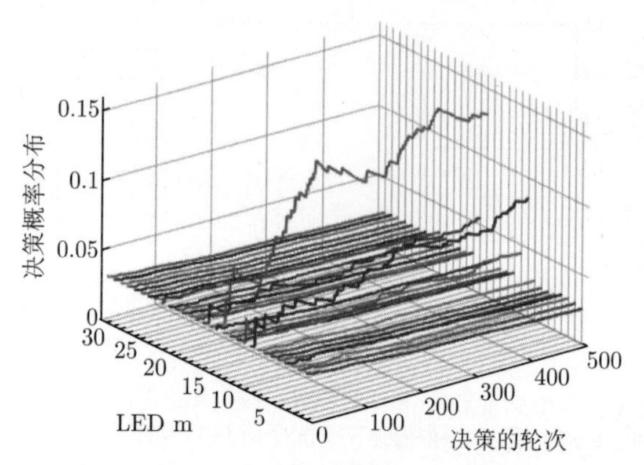

图 4.8 在 EXP3 选择算法下每一个决策轮次的决策概率分布（见文前彩图）

仿真结果由公式（4-17）计算得到，业务的服务率为 $\varsigma = \mathbf{0.2}$，
终端位置固定在（**14.5** m, **8.4** m）

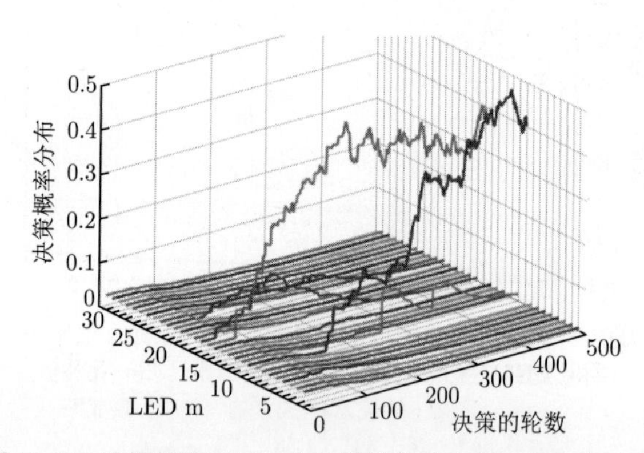

图 4.9 在 ELP 选择算法下每一个决策轮次的决策概率分布（见文前彩图）

仿真结果由公式（4-23）计算得到，业务的服务率为 $\varsigma = \mathbf{0.2}$，终端位置固定在（**14.5** m, **8.4** m）

在图 4.10 和图 4.11 中，验证了不同算法下业务的服务率 ς 对系统的归一化吞吐量的影响。从图 4.10 中可以得出，系统的归一化吞吐量随着业务服务率的降低而增加。同样的结论在图 4.11 中也可以看出。纵向比较同一业务服务率下的系统的归一化吞吐量，可以看出，基于 ELP 算法的接入点选择机制相比于基于 EXP3 接入点选择机制可以显著提高系统的归一化吞吐量。

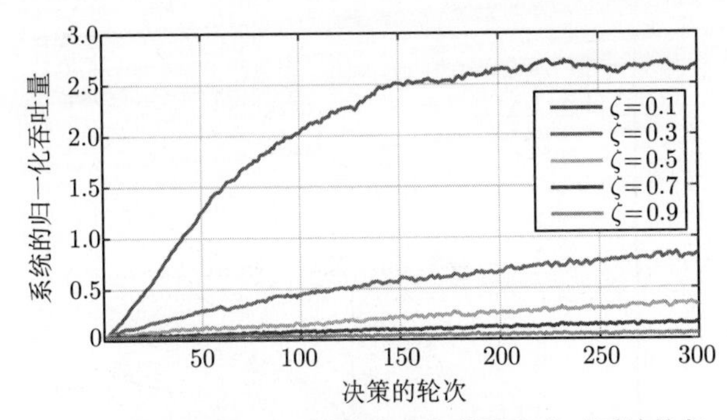

图 4.10　基于 EXP3 选择算法业务的服务率对系统的归一化吞吐量和决策的轮次的关系的影响（见文前彩图）

仿真结果由公式（4-57）计算得到

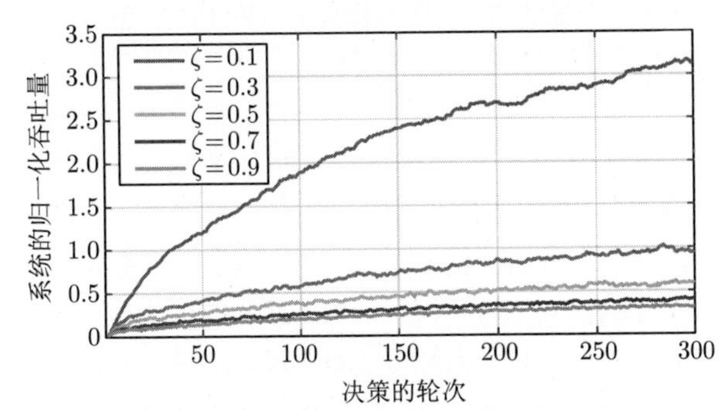

图 4.11　基于 ELP 选择算法业务的服务率对系统的归一化吞吐量和决策的轮次的关系的影响（见文前彩图）

仿真结果由公式（4-57）计算得到

图 4.12 给出了不同机制下累计收益差值的期望值，以及文中证明的理论上界，这里设 $\varsigma = 0.3$ 以及 $K = 300$。累计收益差值函数表示了在知道完全系统状态下做出的最优决策和系统部分可观测条件下基于 EXP3 和 ELP 算法做出的实际决策之间用户获得的收益的差值。可以看出，基于 ELP 算法的接入点选择机制具有较小的累计收益差值以及相对低的上界值。随着决策轮次 K 的增加，由于多臂老虎机模型的自学习能力，累计收益差值的增长率趋于平缓，可以将多次决策阶段分成学习阶段和稳定阶段。

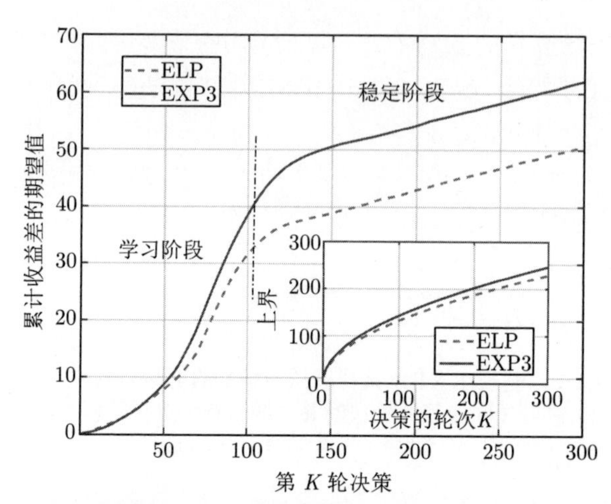

图 4.12 EXP3 选择算法和 ELP 选择算法下累计收益差的期望值和理论上界

仿真结果由公式（4-19）和公式（4-33）计算得到

综上所述，基于多臂老虎机模型的 LED 接入点选择机制总是通过一个接一个的试错和调整来寻求更好的决策行为。通常，它的决策结果朝着最优结果的方向发展。此外，这种自学习的方法不需要关于系统的全局信息，只需要最近时刻系统状态信息就可以做出理想的决策。然而，传统的数学工具需要准确的全局信息才能达到均衡解，这对于一个动态的系统来说是不切实际的。不仅如此，在寻找最优解的过程中，传统的数学方法往往难以在多项式时间内求解。在 Li-Fi/Wi-Fi 混合异构网络中，系统的状态随着接入点服务的用户数量的变化而变化，考虑到现实生活中密集的 LED 分布，很难在每一个决策时刻瞬间获取准确的系统状态信息。因此，本研究提出的基于多臂老虎机学习的用户协同接入机制能够有效地提高异构系统的性能。

4.6 本章小结

VLC 系统在室内通信领域具有广泛的应用前景。基于强化学习中的多臂老虎机模型，本章研究了 Li-Fi/Wi-Fi 混合异构网络下用户的协同接入策略。首先，本章介绍了室内 VLC 的 LOS 链路和一次反射链路信道模型。其次，根据多臂老虎机模型的操作机理，构建了系统决策概率分布作为用户接入点选择的主要依据，同时定义了累积收益差值函数来分析不同接入机制的性能。最后，本章利用 EXP3 算法和 ELP 算法对系统决策概率分布进行了实时更新。

相比于传统的优化方法，基于 EXP3 算法和 ELP 算法的两个接入点选择机制不需要关于系统的全局信息，能够节省信息交互的额外开销，体现了下一代异构网络自学习的能力。其中，基于 EXP3 的接入点选择机制利用先前已经获得的收益信息为下一个用户决策提供依据，而基于 ELP 算法的接入点选择机制同时考虑了接入点近邻的状态信息以及多 LED 部署的拓扑结构信息。此外，本章推导并证明了两个算法下累积收益差值的期望值的上界。仿真结果表明，所提出的用户接入机制可以提高多接入点情况下用户接入后获得的吞吐量，同时可以提高整个异构系统的资源利用率。

异构网络往往具有多接入点、多接入途径的特点。相比于传统的室内射频通信，本章创新地将多臂老虎机方法应用到了 Li-Fi/Wi-Fi 新型室内异构网络中用户协同接入的问题中去，从接入机制建模、决策更新算法、系统性能仿真系统给出了具有自学习的用户接入机制，提高了异构系统的整体性能，增加了接入用户的实际收益。

第 5 章　基于拓扑特性和复杂连接的异构网络信息协同扩散

5.1　本 章 引 言

随着智能交通系统的出现，用户们能够获得完备的交通信息，并且能够更安全地使用智能交通运输网络 [189-190]。作为智能交通的核心网络基础，车联网（internet of vehicles，IoV）利用网络节点中广泛部署的智能传感单元和通信单元，实现车辆和道路设施、用户、甚至互联网之间的连接，从而支持定位、识别、监测、管控等应用[191-193]。IoV 包含多种多样的异质异构节点，其中有各种车辆、道路设施、用户等，同时在网络中传递的有视频信息、语音信息、控制信号等多元信息。本章将以 IoV 异构网络为场景，探索基于复杂拓扑特性的信息协同扩散策略，实现信息在 IoV 网络中的高效传输和精准控制。

在过去的几十年中，一些地区车辆的增长速度高于人口的增长速度[194]。依赖于频繁的信息交互和先进的分析计算，构建传感-传输-分析-利用为一体的 IoV 异构网络不仅利于提高交通的管理效能，同时也能够服务于智慧城市中的其他应用场景，例如智能报警、多媒体接入、环境监测等。基于成熟的交通运输道路体系和车辆网络，IoV 异构网络具有信息传感收集和分析处理的能力，同时能够支持车辆与车辆（vehicle-to-vehicle，V2V）、车辆与道路设施（vehicle-to-infrastructure，V2I）、车辆与用户（vehicle-to-pedestrian，V2P）、车辆与外界网络（vehicle-to-everything，V2X）之间的信息传输。作为 IoV 异构网络可靠运行的关键，网络中信息的有效协同扩散和传输能够确保交通流量、事故预警等对实时性要求高的重要信息有效地传递给网络中的每一个节点。

从宏观的角度来看，与传统信息网络不同，IoV 异构网络可以被视为一个复杂网络[195-196]。首先，该网络具有庞大的网络规模。具体而言，在相当多的大城市中，每天都有数以万计、十万计的车辆行驶在道路中，对车辆单元的行为进行统计分析，以及对其描述和建模需要复杂网络研究中的基本理论和方法。其次，依赖于先进的传感和传输技术，多层次异构的拓扑结构和节点类型导致了更复杂的非线性的网络、信息交互。IoV 网络需要随时随地与互联网、移动蜂窝网络，甚至卫星网络建立连接，实现信息的交互。最后，IoV 异构网络中的车辆节点大多处于运动当中，因此它是一个高动态的网络，具有复杂的时空结构。同时，车辆节点的运动轨迹和位置分布，以及其移动性导致的动态演化的网络拓扑还会受到城市地形和人口分布等自然和社会因素的影响。鉴于上述复杂的网络时空特性，虽然地面移动蜂窝网络技术能够服务于 IoV 网络部分节点间的通信，也能够为司机和乘客提供接入互联网的服务，但是并不完全适用于基于车辆之间的协同协作，以及不同来源和类别的信息的识别、整合和扩散[197-198]。因此，研究复杂网络理论下的拓扑特性和复杂连接对异构网络中的信息扩散的影响很重要。

在交通信息收集和传播领域的相关研究中，文献 [199] 提出了一种基于设备与设备（device-to-device，D2D）通信的车辆间信息交互体系，实现车辆网络中的信息快速传播。结合了 D2D 和车辆网络的特点，文献 [200] 研究了基于 D2D 车辆网络信息传输的可靠性。在文献 [201] 中，作者利用车辆之间的自组织特性介绍了一个分布式流量信息扩散的机制。文献 [202] 面向传统的双向公路场景，利用交通信息传播的适度的延迟容忍（delay-tolerant）特性，给出了一个交通信息传播的分析模型。文献 [202] 研究了数据缓存和冗余压缩的信息传播技术。文献 [203] 通过利用定位信息，选择小部分中继节点转发信息，降低了网络传输的资源消耗。在文献 [204] 中，作者通过结合传统的蜂窝网技术和车辆机会通信技术，提出了一种移动数据卸载模型。此外，作者在文献 [205] 里提出了一种针对大规模城市道路网络的交通信息自主传播模型。文献 [206] 考虑到 IoV 网络中本地数据存储规模有限和网络连接状态未知的现实条件，提出了一种贪婪的在线学习算法来实现数据传播成功概率的最大化。另外，在文献 [207] 和文献 [208] 中，Rémy 等基于 4G 通信机制，提出了一个集中式的 IoV 网络的信息管理和传播架构。

然而，上述提到的信息传播新理论、新架构并没有完全考虑 IoV 异构信息网络的拓扑特性和复杂连接对信息传播和扩散的影响，因为智能节点的数量、密度和时空分布，以及信息的异质异构性在一定程度上影响信息的扩散效率和结果[209-212]。鉴于此，本章关注异构网络的拓扑特性和复杂连接对通信性能和信息扩散的影响，研究该影响下 IoV 异构网络中交通信息传感-传播的新体系及涉及的关键技术[213-215]。

本章的研究内容和贡献主要为以下三点：

(1) 本章首次为 IoV 异构网络建立了无向加权图模型。根据网络中节点和链路的拓扑特性和连接关系定义了通信阻抗，用来衡量信息在经过该节点转发、该链路传播的性能。

(2) 基于北京市出租车全球定位系统（Global Position System，GPS）数据，构建了一个 IoV 网络，并基于复杂网络理论分析了它的拓扑结构和连接特性。通过得到的相关参数，我们创造性地提出了城市交通网络拓扑时不变的复杂空间分布特性，并研究了拓扑结构与信息传播性能之间的关系，相关结论不仅可以服务于 IoV 网络中的信息传播，同时还可以在城市交通的管控和调配中起到重要的作用。

(3) 本章提出了一种 IoV 异构网络交通信息采集新架构，同时提出了一种基于网络拓扑特性和复杂连接的信息协同扩散机制，包括一个网关节点选择方法和一个信息扩散路径优化算法。该机制提高了 IoV 异构网络中的信息传输效率。

本章章节安排如下。5.2 节给出了 IoV 异构网络的无向加权图模型，并定义了节点和链路通信阻抗。5.3 节从信息的获取、网关节点的选择、传播路径的优化三个方面介绍了基于拓扑特性和复杂连接的信息协同扩散机制。5.4 节基于北京市出租车 GPS 数据建立了大数据驱动下的 IoV 网络，并分析了它的复杂拓扑特性。5.5 节通过仿真实验验证了本章所提出的信息协同扩散机制的有效性和优越性。5.6 节为本章总结。

5.2　IoV 异构网络的无向加权图建模

5.2.1　IoV 异构网络

从网络架构上来看，IoV 异构网络具有三个层次：感知层，传输层，管理层。感知层中的终端系统是车辆节点和道路基础设施中的传感器单元，它们负责感知和收集车辆行驶信息、道路信息、环境信息等各种异质多元信息。传输层解决了车辆内部的通信、车辆之间的通信和车辆与道路基础设施的通信和车辆与行人的通信，以及实现了 IoV 专网与其他异构网络、甚至公网之间的互联互通。传输层中的相关算法和协议能够确保信息传输的时效性和可靠性。管理层位于控制中心内，是一个集数据存储-数据分析-数据决策为一体的云架构平台，能够实现科学高效的 IoV 网络管理。

如图 5.1 所示，作为 IoV 异构网络的核心成员，车辆节点装配了各类

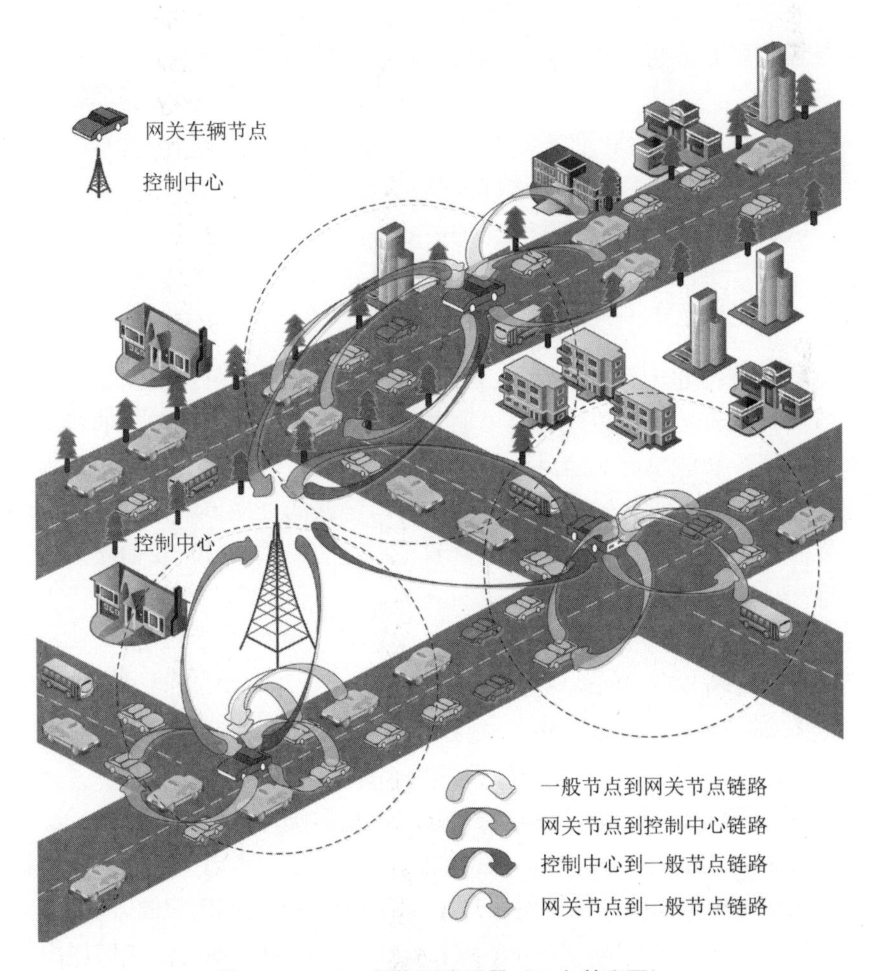

图 5.1　IoV 异构网络场景（见文前彩图）

传感器用来感知和收集节点自身和周围环境的信息，如 GPS、雷达、摄像头等，同时节点还装配了通信单元、控制和管理单元，其中通信单元按照 IEEE 802.11、LTE 等多种通信协议，支持不同方式、不同性能的信息传输；控制和管理单元负责各组件的协作。考虑到每个车辆节点的感知范围和计算能力受搭载设备和自身功率的限制，根据车辆节点的地理位置、自身状态、周围环境将整个网络划分为几个子域。在每个子域中，选择一个车辆节点作为网关车辆节点（gateway）负责该区域内的信息收集和分发，其他的一般车辆节点将相关信息发送给网关车辆节点，并由网关车辆节点将聚集后的多元信息转发到控制中心。同时，网关车辆节点还将负责经控制中心分析利用后的决策信息广播给所在子区域的其他一般车辆节点。

下一节，我们将利用复杂网络理论对 IoV 异构网络进行建模 [195-196]。然后对上述信息传感、网关选择和信息分发三个阶段的关键技术进行研究，以实现 IoV 异构网络中信息的高效协同管理和利用。

5.2.2 无向加权图模型

本节将构建一个基于 IoV 信息收集与扩散的无向加权图模型，图中节点代表车辆，两边代表交车辆之间的信息交互。定义节点的权重用来衡量每个智能单元对信息的收集和转发能力，同时定义边的权重用来衡量每条链路信息传输的能力，该能力与链路的衰减、环境干扰、区域切换等均相关。为了更好地给图中节点和边的权重赋值，我们做出如下假设：

(1) 所有的智能车辆节点在所处环境相同的情况下具有相同的通信能力。两个车辆节点之间能够进行信息交互的最大距离是 r。考虑到实际 r 的范围和电磁波传播的速度，我们假设通信的延迟主要取决于信息在各节点处的存储转发阶段，传播时延忽略不计。

(2) 信道中的噪声是广义平稳的加性高斯白噪声（additive white gaussian noise，AWGN）。此外，根据文献 [216]，我们考虑一个低复杂度的城市无线通信信道的经验模型，并且忽略小区切换之间的空隙。

基于上述假设，为了表征节点和链路承载信息的能力，我们提出了节点、链路的通信阻抗概念。文献 [216] 提出了一个具有高计算效率的城市环境无线通信的经验障碍模型，模型中考虑了大尺度路径损耗、确定性的小尺度衰落以及概率性的信号衰减。总的路径损耗可以表示为 $L_x = L_{\text{freespace}} + L_{\text{obs}}$，其中，$L_{\text{freespace}}$ 表示发射机与接收机之间的视距传播损耗，L_{obs} 表示由于城市环境的障碍物所附加的信号衰减损耗。有

$$L_{\text{freespace}} = 10\lg\left(\frac{16\pi^2}{\lambda^2}d^{\kappa}\right) \tag{5-1}$$

以及

$$L_{\text{obs}} = \beta_1 n + \beta_2 d_m \tag{5-2}$$

其中，λ 表示波长，d 为信号源节点与目的节点之间的距离，n 表示传输过程中障碍物与 LOS 信道相交叠的总次数，d_m 为障碍物与 LOS 信道相交叠的总长度。假设路径损耗指数 $\kappa = 2.2$，以及公式（5-2）中的权重系数分别为 $\beta_1 = 9$（dB）以及 $\beta_2 = 0.4$（dB/m）。小区半径的减小也有利于增加系统的可实现容量。减小小区的覆盖半径有利于提高整个系统的容量，我们假设小区的半径为 r_c，且小区之间没有覆盖盲区。车辆间远距离通信需要小区切换的次数为 n_{ij}。

基于复杂网络理论[217]，从 IoV 网络拓扑的角度，利用节点的度和节点的介数中心性来表征节点在网络中位置的重要性。节点的介数中心性是基于最短路径下的节点中心性的一种度量。它是由通过该节点的最短路径的数量来定义的，并不是基于距离的量化指标。假设车辆节点 i 的度为 k_i，车辆节点 i 的介数中心性为 B_i。d_{ij} 为节点 i 和节点 j 之间的距离，那么在 $d_{ij} \leqslant r$ 的条件下，连接节点 i 和节点 j 的链路的通信阻抗可以定义为

$$R_{ij} \overset{\text{def}}{=} \alpha_1(k_iB_i+k_jB_j)^{\psi_1}+\alpha_2 {L_{ij}}^{\psi_2}-\alpha_3(\text{ENR}/d_{ij})^{\psi_3}+\alpha_4 n_{ij} \tag{5-3}$$

对于 $d_{ij} > r$ 的情况，我们有 $R_{ij} = \infty$。每比特能量与噪声功率谱密度之比（本章简称为“能量噪声比”）为 ENR，它可以看作一个归一化的信噪比（signal-to-noise ratio，SNR）的度量[218]。除此之外，$\alpha_1, \alpha_2, \alpha_3$ 和 α_4 为权重系统，它们随着网络拓扑结构的变化而变化，ψ_1, ψ_2, ψ_3 为非线性控制因子。L_{ij} 表示节点 i 和节点 j 的路径损耗，可以由公式（5-1）和公式（5-2）计算出来。从物理意义上解释上述定义，链路的通信阻抗既

考虑了信息传输的通信性能、传输距离，以及节点在整个网络拓扑的位置和地位。具体来说，度和介数中心性大的节点在拓扑意义上具有非常重要的作用，往往是处于中心区域或者扮演桥梁作用的节点，那么它们将在信息远距离传输的存储转发过程起到关键作用，甚至可以因为这些节点的瘫痪，使网络信息传输出现拥塞甚至中断。此外，节点之间远距离的信息传输会导致更大的路径损耗，消耗更高的能量。小区半径越小越会导致传输中更多次数的小区切换 n_{ij}，进一步增加了传输延迟，降低了通信性能。最后，单位距离能量噪声比ENR越大，通信质量越好。

下面分析节点的权重，在文献 [219] 中，作者建模了一般条件下用户的可达信息率 $\varLambda$：

$$\varLambda = (1 - \tau - \varsigma) E[\log(1 + \gamma)] \tag{5-4}$$

其中，γ 为信号噪声干扰比（signal-to-interference-plus-noise-ratio，SINR），它可以由对应的信道传播模型参数和天线模型参数确定。此外，τ 为信道估计时间，ς 表示信息的传播时延。本章将采用上述给出的用户可达信息率 $\varLambda$ 来定义节点 i 的通信阻抗 R_i，因此有

$$R_i \overset{\text{def}}{=} \xi_1 (k_i B_i)^{\omega_1} + \xi_2 \varLambda^{\omega_2}, i = 1, 2, \cdots, N \tag{5-5}$$

其中，k_i 为车辆节点 i 的度，B_i 表示车辆节点 i 的介数中心性。除此之外，ξ_1 和 ξ_2 为权重系数，由网络的拓扑结构确定，ω_1 和 ω_2 是非线性控制因子。

鉴于此，将图 5.1 所示的 IoV 异构网络建模成为了一个有权无向的复杂网络拓扑 $G = (V, E, R)$。其中，V 是网络中智能节点的集合，连边的集合 E 表示节点之间的信息交互。具体来说，当节点之间距离在给定的最大通信范围之内时，两个节点之间存在一条连边。$R = \{R_i, R_{ij}\}$ 为节点和边的权重集合，这里用定义的节点和链路的通信阻抗来计算，该定义综合考虑了节点和边的复杂拓扑属性、通信属性，衡量了网络中节点和边承载信息的能力。接下来将根据此模型，研究 IoV 网络基于拓扑特性和复杂连接的信息协同扩散。

5.3　基于拓扑特性和复杂连接的信息协同扩散

5.3.1　基于谱聚类的信息收集

IoV 网络中大范围的点对点信息传输不可避免会引起严重的干扰和信息安全隐患。图 5.2 设计了一个 IoV 网络信息收集架构，首先，网络中的节点按照某种关系被分到不同的子区域当中，我们称为“簇”。在每个簇内选择一定数量的网关节点（图中圆形节点）负责子区域内一般节点（图中三角形节点）的信息汇集和对外转发。

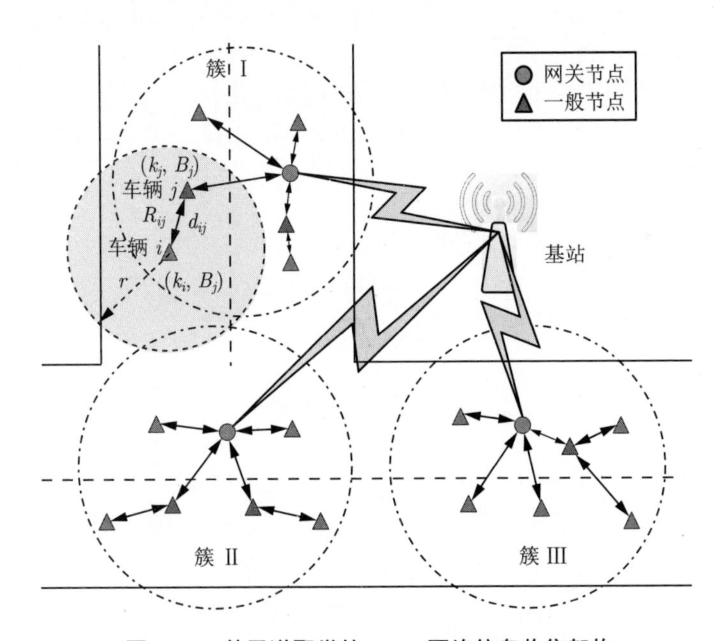

图 5.2　基于谱聚类的 IoV 网络信息收集架构

与传统基于节点位置和物理距离的分簇方式不同，基于公式 (5-5) 定义的节点通信阻抗，这里给出车辆节点 i 和车辆节点 j 之间的广义距离 D_{ij}：

$$D_{ij} = \epsilon(R_i + R_j) + (1 - \epsilon)d_{ij} \tag{5-6}$$

其中，R_i 和 R_j 分别为节点 i 和节点 j 的通信阻抗，d_{ij} 为两个节点之间的实际物理距离（欧拉距离），ϵ 为权重系统，较大的 ϵ 值表示分簇的结果更看重通信性能，而较小的 ϵ 值表示更看重节点实际所在的位置和节点之间的距离。

根据所定义的广义距离，提出一个基于谱聚类的子区域划分算法，参见算法 10。

算法 10 IoV 异构网络的谱聚类分簇算法

1: 计算含有 N 个节点的 IoV 异构网络的欧拉距离矩阵 $\boldsymbol{d}_N = \{d_{ij}\}$，其中 d_{ij} 为车辆节点之间的欧拉距离；
2: 根据最大传输范围 r 确定 IoV 异构网络的邻接矩阵；
3: 根据邻接矩阵计算节点的度 k_i，介数中心性 B_i，可达信息率 Λ，进而计算节点通信阻抗 R_i；
4: 计算 IoV 异构网络的广义距离矩阵 $\boldsymbol{D}_N = \{D_{ij}\}$；
5: 根据上述计算结果，生成拉普拉斯矩阵 $\boldsymbol{L}_N = \boldsymbol{k}_N - \boldsymbol{D}_N$，其中对角阵 $\boldsymbol{k}_N$ 是该网络的度矩阵；
6: 计算归一化的拉普拉斯矩阵 $\overline{\boldsymbol{L}_N}$；
7: 求解归一化的拉普拉斯矩阵最小的 J 个特征值和对应的特征向量；
8: 使用 K-means 算法对 J 个特征向量组成的新的空间进行聚类；
9: 聚类的结果记为最终的分簇结果。

5.3.2 网络容量最大化的网关节点选择

在每个 IoV 的子区域中，一般车辆节点将自身状态信息以及周边环境信息汇集到网关车辆节点进行进一步的转发处理。因此，网关节点的选择决定了系统的通信效率和信息传输过程的开销。本节我们将基于网络容量最大化来研究网关节点的协同选择机制，这里的网络容量由节点的峰值负载而约束。

假设每一个车辆节点的信息传输容量为 M，那么网络的容量可以建模为

$$\Theta = \frac{M}{\max_i\{R_i q(i)\}} \tag{5-7}$$

其中，R_i 是节点 i 的通信阻抗，$q(i)$ 表示数据包经过节点 i 的概率。

在模型中，我们使用经典的迪杰斯特拉（Dijkstra）路由策略用来转

发数据包[220]，每一个节点的数据包队列服从先进先出规则（first-in-first-out，FIFO）。除此之外，当一个数据包到达了目的节点，它将被移除出整个网络。令 g_{st} 表示从信息源节点 s 到网关节点 t 的最短路径的数量，n_{st}^{i} 表示从信息源节点 s 到网关节点 t 且经过节点 i 的最短路径的数量，那么有

$$q(i)=\sum_{s(s\neq i)}\sum_{t(t\neq i)}p(s,t)\frac{n_{st}^{i}}{g_{st}} \tag{5-8}$$

其中，$p(s,t)$ 为数据包需要从节点 s 被传输到网关节点 t 的概率。如果源节点和网关节点均被均匀地选择，那么公式（5-7）中的 Θ 可以改写为

$$\Theta=\frac{M(N-1)(N-2)}{\max_i\left\{R_i\sum\limits_{s(s\neq i)}\sum\limits_{t(t\neq i)}\frac{n_{st}^{i}}{g_{st}}\right\}} \tag{5-9}$$

然而，模型中将使用特定的方式选取网关节点以最大化公式（5-7）中定义的网络容量 Θ。这里假设信息源节点是均匀分布在网络中且信息源节点中的数据包的产生相互独立。假设网关节点的选择概率分布为 $p(t)$，那么有

$$p(s,t)=p(s)p(t)=\frac{p(t)}{N-1} \tag{5-10}$$

那么，某一个数据包在路由的过程中经过节点 i 的概率为

$$q(i)=\sum_{s(s\neq i)}\sum_{t(t\neq i)}p(s,t)\frac{n_{st}^{i}}{g_{st}}=\frac{1}{N-1}\sum_{s\neq i}\sum_{t\neq i}p(t)\frac{n_{st}^{i}}{g_{st}} \tag{5-11}$$

此外，定义 $q(i|t)$ 表示目的地是网关节点 t 的数据包经过节点 i 的概率，有：

$$q(i|t)=\frac{1}{N-1}\sum_{s(s\neq t,s\neq i)}\frac{n_{st}^{i}}{g_{st}} \tag{5-12}$$

这样，公式（5-7）中的 Θ 可以重新表示为：

$$\Theta=\frac{M}{\max_i\{R_iq(i)\}}=\frac{M}{\max_i\left\{R_i\sum\limits_{t}p(t)q(i|t)\right\}} \tag{5-13}$$

因此，最优网关协同选择被转化成了求解下面的优化问题：

$$\begin{aligned}&\max \ \Theta \\ &\text{s.t.} \ \ 0 \leqslant p(t) \leqslant 1, \\ &\qquad \sum_t p(t) = 1\end{aligned} \tag{5-14}$$

这样，最大化 N 个节点的 IoV 网络的容量 Θ 等效于求解如下最小最大（min-max）问题：

$$\begin{aligned}&\min \ \max_i \left\{R_i \sum_t p(t) q(i|t)\right\} \\ &\text{s.t.} \ \ 0 \leqslant p(t) \leqslant 1, \\ &\qquad \sum_t p(t) = 1\end{aligned} \tag{5-15}$$

通过引入辅助变量：

$$\varOmega = \max_i \left\{R_i \sum_t p(t) q(i|t)\right\} (i = 1, 2, \cdots, N) \tag{5-16}$$

优化问题（5-15）可以被转化成为一个线性规划问题：

$$\begin{aligned}&\min \ \varOmega \\ &\text{s.t.} \ \ \boldsymbol{RAp} - \varOmega \mathbf{1} \leqslant \mathbf{0}, \\ &\qquad \boldsymbol{p}^{\mathrm{T}} \mathbf{1} = 1, \\ &\qquad \boldsymbol{p} \geqslant \mathbf{0}\end{aligned} \tag{5-17}$$

其中，$\boldsymbol{A} = [q(i|t)]$，$\boldsymbol{p} = [p(t), t = 1, 2, \cdots, N]^{\mathrm{T}}$ 以及 $\mathbf{1} = [1, 1, \cdots, 1]$。此外，矩阵 $\boldsymbol{R}$ 可以表示为

$$\boldsymbol{R} = \begin{bmatrix} R_1 & 0 & \cdots & 0 \\ 0 & R_2 & & \vdots \\ \vdots & & \ddots & 0 \\ 0 & \cdots & 0 & R_N \end{bmatrix} \tag{5-18}$$

这样，基于求解线性规划的相关算法，可以很容易地得到 Ω 的最小值。进一步，引用松弛变量 $\boldsymbol{y}$，我们可以将线性规划问题（5-17）重新表示为

$$\begin{aligned}
&\min\ \Omega \\
&\text{s.t.}\ \boldsymbol{RAp}-\Omega\boldsymbol{1}+\boldsymbol{y}=\boldsymbol{0}, \\
&\quad\ \ \boldsymbol{p}^{\mathrm{T}}\boldsymbol{1}=1, \\
&\quad\ \ \boldsymbol{y}\geqslant\boldsymbol{0}, \\
&\quad\ \ \boldsymbol{p}\geqslant\boldsymbol{0}
\end{aligned} \tag{5-19}$$

那么，这个新的线性问题含有 $(2N+1)$ 个变量，也就是 $\boldsymbol{p}$，$\boldsymbol{y}$ 和 Λ。考虑到约束条件，有 $(N+1)$ 个等式约束 $\boldsymbol{p}^{\mathrm{T}}\boldsymbol{1}=1$ 和 $\boldsymbol{RAp}-\Omega\boldsymbol{1}+\boldsymbol{y}=\boldsymbol{0}$。因此，基于单纯形理论，可以推断出 $(2N+1)$ 个变量中至少 N 个变量的值为 0，考虑到 $\Omega>0$，有

$$N_{p(t)>0}=N-\chi(\boldsymbol{p}{=}\boldsymbol{0})\leqslant\chi(\boldsymbol{y}{=}\boldsymbol{0}) \tag{5-20}$$

其中，符号 $\chi(\bullet=\boldsymbol{0})$ 表示向量“$\bullet$”元素中值为 0 的个数。

我们可以通过迭代算法求解出上述优化问题的最优解。在本章中，我们基于障碍函数法进行求解[154]，具体算法将在 5.3.3 节介绍。

5.3.3 基于链路通信阻抗的信息扩散路径优化

IoV 网络中的高效的信息扩散可以确保控制中心及时获取网络状态，同时可以确保网络中的节点及时收到来自控制中心或者网关节点的消息。为了支持近似实时的交通信息传输，本节研究基于链路通信阻抗的信息扩散路径优化技术。

最优用户均衡（user equilibrium，EU）是一个特殊的系统状态，在这样的状态下任何单方面的改变都会降低目标函数（objective function，OF）的值。在给定时刻各环节节点和链路的通信阻抗均已知的前提下，我们寻求信息扩散路径的最优解。我们假设，固定数量的数据包需要从一个源节点传送到几个网关节点，或者反过来从几个一般节点传送到一个网关节点。需要传输的数据包的总量为 Q。此外，$X=x_1,x_2,\cdots,x_n$ 表示数据包负载的分配情况，其中 x_i 为第 i 条通信链路上的传输负载。同

样，这里继续使用 Dijkstra 路由机制来寻找从源顶点到目标顶点的最短路径[220]。我们定义优化的目标函数 $C(\boldsymbol{x})$ 为

$$C(\boldsymbol{x})=\sum_{i=1}^{n}C_i(x_i)=\sum_{i=1}^{n}\sum_{u,v}x_iR_{uv}^i \tag{5-21}$$

其中，R_{uv}^i 为传输负载 x_i 的 Dijkstra 路径上节点 u 和节点 v 之间的通信阻抗。令 c 表示每条通信链路上的最大允许通过的信息容量，m_{uv} 表示节点 u 和节点 v 之间的通信链路上总的信息容量，那么有 $m_{uv}\leqslant c$。因此，我们可以构建下面的优化问题：

$$\begin{aligned}\min\ & C(\boldsymbol{x})=\sum_{i=1}^{n}\sum_{u,v}x_iR_{uv}^i\\ \text{s.t.}\ & x_i\geqslant 0,\forall i=1,2,\cdots,n,\\ & \sum_{i=1}^{n}x_i\geqslant Q,\\ & m_{uv}=\sum_{i=1}^{n}x_ia_{uv}^i\leqslant c,\forall u,v\in V\end{aligned} \tag{5-22}$$

其中，$\boldsymbol{x}=[x_1,x_2,\cdots,x_n]^{\mathrm{T}}$。具体来说，当负载 x_i 在节点 u 和节点 v 之间传输时，有 $a_{uv}^i=1$；否则 $a_{uv}^i=0$。优化问题中目标函数 $C(\boldsymbol{x})$ 是一个线性形式，约束条件是广义不等式。因此，该信息扩散路径问题可以写成如下形式的凸优化问题：

$$\begin{aligned}\min\ & C(\boldsymbol{x})\\ \text{s.t.}\ & \boldsymbol{x}\geqslant \boldsymbol{0},\\ & \boldsymbol{x}^{\mathrm{T}}\boldsymbol{1}\geqslant Q,\\ & \boldsymbol{A}\boldsymbol{x}\leqslant c\boldsymbol{1}\end{aligned} \tag{5-23}$$

其中，$\boldsymbol{A}\in\boldsymbol{R}^{E\times n}$ 是负载-链路关系矩阵，有定义：

$$\boldsymbol{A}_{ij}=\begin{cases}1, & 负载j在链路i上传输\\ 0, & 其他情况\end{cases} \tag{5-24}$$

其中，E 表示图中所有边的数量，$\boldsymbol{x} = [x_1, x_2, \cdots, x_n]^{\mathrm{T}}$ 以及 $\mathbf{1} = [1, 1, \cdots, 1]^{\mathrm{T}}$。

由于 IoV 异构网络的小世界性质，负载-链路关系矩阵 $\boldsymbol{A}$ 通常情况下是一个稀疏矩阵。这样，凸优化问题（5-24）的标准形式为

$$\begin{aligned} \min \quad & \boldsymbol{x}^{\mathrm{T}} \boldsymbol{R}_w \\ \text{s.t.} \quad & -\boldsymbol{x} \leqslant \mathbf{0}, \\ & Q - \boldsymbol{x}^{\mathrm{T}} \mathbf{1} \leqslant 0, \\ & \boldsymbol{A}\boldsymbol{x} - c\mathbf{1} \leqslant \mathbf{0} \end{aligned} \tag{5-25}$$

其中，$\boldsymbol{R}_w$ 表示一条完整的数据传输链路的通信阻抗的总和。可以看出，这是一个广义不等式约束下的向量优化问题。因此我们很难得到该问题的一个闭式解。通过引入函数 $I_{-}(u)$，可以将原问题改写为

$$\begin{aligned} \min \quad & \boldsymbol{x}^{\mathrm{T}} \boldsymbol{R}_w + \sum_{i=1}^{n+E+1} I_{-}[f_i(\boldsymbol{x})] \\ \text{s.t.} \quad & f_i(\boldsymbol{x}) = -x_i, i = 1, 2, \cdots, n, \\ & f_i(\boldsymbol{x}) = Q - \boldsymbol{x}^{\mathrm{T}} \mathbf{1}, i = n+1, \\ & f_i(\boldsymbol{x}) = A_i \boldsymbol{x} - c, i = n+2, n+3, \cdots, n+E+1 \end{aligned} \tag{5-26}$$

其中，$I_{-}(u) = -(1/t)\log(-u)$，同时 A_i 表示矩阵 $\boldsymbol{A}$ 的行向量。辅助变量 $t > 0$，它的作用是控制计算结果的精度。因此可以得到：

$$\begin{aligned} \min \quad & \boldsymbol{x}^{\mathrm{T}} \boldsymbol{R}_w + \sum_{i=1}^{n+E+1} -\frac{1}{t} \log[-f_i(\boldsymbol{x})] \\ \text{s.t.} \quad & f_i(\boldsymbol{x}) = -x_i, i = 1, 2, \cdots, n, \\ & f_i(\boldsymbol{x}) = Q - \boldsymbol{x}^{\mathrm{T}} \mathbf{1}, i = n+1, \\ & f_i(\boldsymbol{x}) = A_i \boldsymbol{x} - c, i = n+2, n+3, \cdots, n+E+1 \end{aligned} \tag{5-27}$$

对数障碍函数可以定义为

$$\Phi(x) = -\sum_{i=1}^{m} \log[-f_i(x)] \tag{5-28}$$

$\Phi(x)$ 的定义域为 $\{x \in \boldsymbol{R}^n | f_i(x) < 0, i=1,2,\cdots,m\}$。在文献 [154] 中，Boyd 等给出了对数障碍函数的梯度和海森矩阵（Hessian matrix）：

$$\nabla\Phi(x) = \sum_{i=1}^{m} \frac{1}{-f_i(x)} \nabla f_i(x) \tag{5-29}$$

以及

$$\nabla^2\Phi(x) = \sum_{i=1}^{m} \frac{1}{f_i(x)} \nabla f_i(x) \nabla f_i(x)^{\mathrm{T}} + \sum_{i=1}^{m} \frac{1}{-f_i(x)} \nabla^2 f_i(x) \tag{5-30}$$

考虑到优化问题（5-27）的等价形式，有

$$\begin{aligned}
\min \quad & t\boldsymbol{x}^{\mathrm{T}}\boldsymbol{R}_w + \sum_{i=1}^{n+E+1} -\log[-f_i(\boldsymbol{x})] \\
\text{s.t.} \quad & f_i(\boldsymbol{x}) = -x_i, i = 1, 2, \cdots, n, \\
& f_i(\boldsymbol{x}) = Q - \boldsymbol{x}^{\mathrm{T}}\mathbf{1}, i = n+1, \\
& f_i(\boldsymbol{x}) = A_i\boldsymbol{x} - c, i = n+2, n+3, \cdots, n+E+1
\end{aligned} \tag{5-31}$$

优化问题（5-31）的最优解记为 $\boldsymbol{x}^*(t)$。可以证明解 $\boldsymbol{x}^*(t)$ 与原问题（5-25）最优解的差小于 $(n+E+1)/t$[154]。因此，我们必须依次求解一系列凸优化问题，并将当前的最优解作为下一轮优化问题的初始点。当 t 增加的时候，次优解逐渐逼近原问题的最优解。不仅如此，解 $\boldsymbol{x}^*(t)$ 满足 KKT（Karush-Kuhn-Tucker）条件，有

$$t\boldsymbol{R}_w - \frac{1}{\boldsymbol{x}} + \frac{1}{Q - \boldsymbol{x}^{\mathrm{T}}\mathbf{1}} \cdot \mathbf{1} + \boldsymbol{A}^{\mathrm{T}} \frac{1}{c\mathbf{1} - \boldsymbol{A}\boldsymbol{x}} = \mathbf{0} \tag{5-32}$$

其中，$\dfrac{1}{\boldsymbol{x}} = \left[\dfrac{1}{x_1}, \dfrac{1}{x_2}, \cdots, \dfrac{1}{x_n}\right]^{\mathrm{T}}$，以及 $\forall \boldsymbol{x} \in \boldsymbol{R}^n$。在撰写本章的时候，寻找问题（5-32）的解析解仍然是一个开放性的问题。在这里，基于经典的牛顿法[221] 提出问题（5-32）的一种数值解法，参见算法 11。

算法 11 问题（5-32）的迭代求解算法

1: 初始化一个严格可行的内点 $\boldsymbol{x}^{(0)}$；
2: 设置辅助变量 $t = t^{(0)}$；
3: 设置增量步长 $\mu > 1$ 和误差阈值 $\epsilon > 0$；
4: **while** $(n + E + 1)/t \geqslant \epsilon$ **do**
5: 　求解问题（5-31），记最优解为 $\boldsymbol{x}^*(t)$ [154]；
6: 　更新 $\boldsymbol{x}^{(i)} := \boldsymbol{x}^*(t)$；
7: 　更新 $t^i := \mu t$；
8: **end while**
9: 输出 $\boldsymbol{x}^*(t)$。

5.4 大数据驱动下的 IoV 网络

5.4.1 数据集介绍

我们基于真实数据构建一个城市 IoV 网络，该数据集来自微软亚洲研究院（Microsoft Research Asia）[222]，包含了北京市出租车 GPS 数据（经度范围 $[116.25°, 116.55°]$，纬度范围 $[39.80°, 40.05°]$）。基于上述数据集，图 5.3 展示了某一时刻北京市出租车的位置分布图，从图中可以明

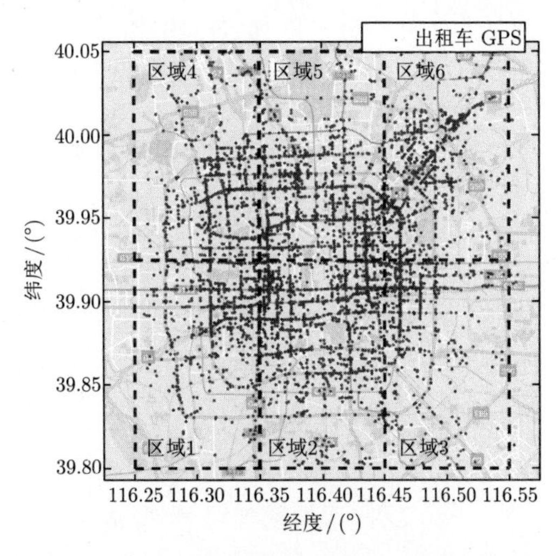

图 5.3 北京市出租车 GPS 坐标图（经度 $[116.25°, 116.55°]$，纬度 $[39.80°, 40.05°]$）

显看出城市的道路规划和市区与郊区的划分。根据 IEEE 802.11p 协议标准，一个车辆的最大信息传输距离为 $r = 1000$ m，那么可以构建一个基于距离连接的 IoV 网络拓扑。

5.4.2 复杂拓扑特性分析

这里先介绍反应复杂网络“小世界”和“无标度”特性的典型参数，然后给出基于实际数据构建的 IoV 网络的相关统计特性。

(1) **节点的度分布**：车辆节点 i 的度 k_i 表示能够与该节点通信的其他节点的数量。节点的度分布 $p(k)$ 表示网络中任意一个节点的度为 k 的概率。通常情况下，一个真实网络的度分布服从泊松分布（Poisson distribution）或者是幂律分布（power-law distribution）。基于 5.4.1 节所构建的网络拓扑，我们计算出该网络的度分布，如图 5.4(a) 所示。可以看出，该网络的度分布近似服从泊松分布。

(2) **聚类系数**：车辆节点 i 的聚类系数定义为

$$o_i = \frac{E_i}{k_i(k_i-1)/2} \tag{5-33}$$

其中，k_i 表示节点 i 的度，E_i 表示 i 的邻居节点之间构成边的总的数量。聚类系数表征了网络的聚集和分散的属性。此外，整个网络的平均聚类系数为每个节点 o_i 的平均值。图 5.4(b) 刻画了拓扑中所有车辆节点的聚类系数。基于 Pajek 软件①，网络的平均聚类系数为 $o = \dfrac{1}{N}\sum\limits_{i=1}^{N} o_i = 0.6666$。

(3) **介数中心性**：在一定程度上，我们可以根据节点的度来衡量该节点在网络中的重要性。通常情况下，节点的度越大，节点在信息传输过程中发挥的作用就越大。然而，在某些情况下，度小的节点能够充当桥梁连接两个节点簇，对网络的联通起着至关重要的作用。为了更准确地量化节点的重要性，节点 i 的归一化的介数中心性 B_i 被定义为

$$B_i = \frac{2}{(N-1)(N-2)} \sum_{s\neq i\neq t} \frac{n_{st}^i}{g_{st}} \tag{5-34}$$

① Pajek 是一个开源的 Windows 程序，用于分析和可视化具有数万甚至数百万节点的大型网络。

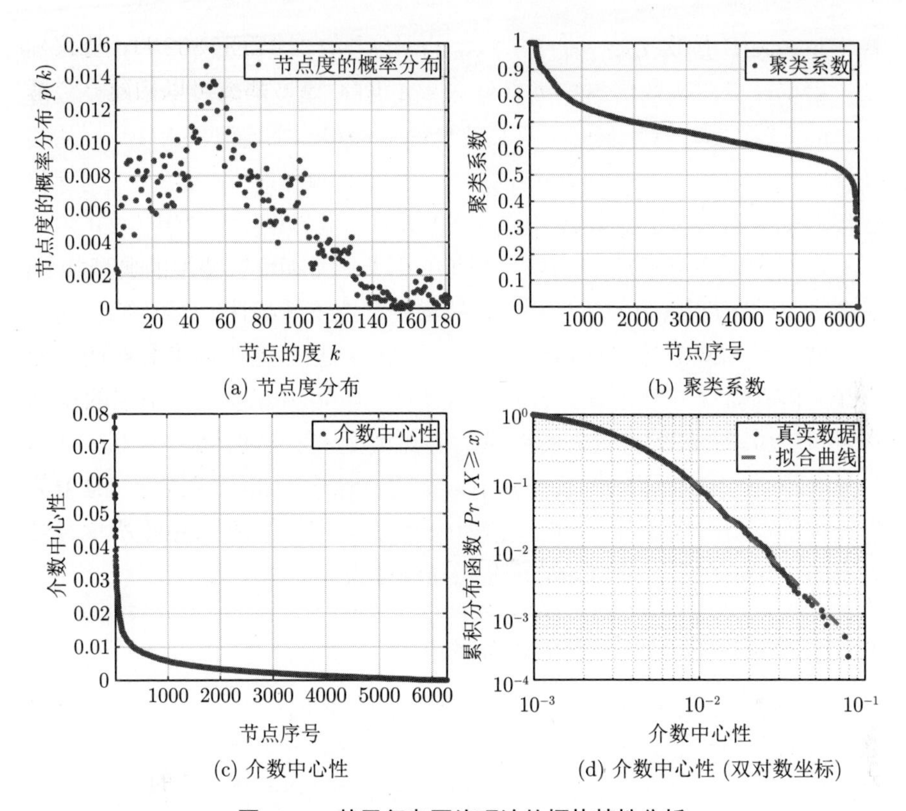

(a) 节点度分布　(b) 聚类系数

(c) 介数中心性　(d) 介数中心性 (双对数坐标)

图 5.4　基于复杂网络理论的拓扑特性分析

其中，g_{st} 表示从源节点 s 到目标节点 t 的最短路径的总数，n_{st}^{i} 表示从 $s \sim t$ 且经过节点 i 的最短路径的数量。图 5.4 (c) 展示了根据公式（5-34）计算出来的节点的介数中心性。图 5.4(d) 为介数中心性的双对数坐标形式。

(4) **平均路径长度**：平均路径长度 L 表示最短路径上经过的节点跳数的平均值。它表征了网络连接关系的紧凑程度。令 h_{ij} 表示从节点 i 到节点 j 的基于最短路径的跳数，有

$$L = \frac{2}{N(N-1)} \sum_{i,j=1;i \geqslant j}^{N} h_{ij} \tag{5-35}$$

对于图 5.3 中划分的六个子区域，可以计算出 $L_1 = 6.3623$，$L_2 = 6.5222$，

$L_3 = 5.4683$，$L_4 = 6.4670$，$L_5 = 5.8115$ 以及 $L_6 = 5.8657$。

根据计算出来的网络聚类系数 $o = 0.6666$ 以及网络的平均路径长度 $\overline{L} = 6.0828$，IoV 网络具有一个高的集群特性和一个近似“六度”平均路径长度[①]，这些符合小世界网络的属性。因此，该 IoV 网络是一个局部的小世界复杂网络。根据文献 [195] 中的 WS 小世界模型和文献 [223] 中的 NW 小世界模型，基于动态演化理论和同步控制理论，我们可以更好地研究 IoV 异构网络中的信息协同扩散问题。图 5.4(d) 将介数中心性的累积分布函数以双对数坐标的形式表示，同时给出了基于幂律分布的拟合曲线。仿真曲线与拟合曲线的 K-S 检测（Kolmogorov-Smirnov）的 p 值为 $p = 0.19$。考虑到介数中心性的无标度性质，我们可以得出结论：网络中只有少数节点在信息扩散过程中发挥关键作用。我们应当将注意力集中在位于枢纽的车辆节点，以及作为桥梁的车辆节点上，该结论不仅对信息流的传输，对车辆拥堵的疏通和道路的建设规划均具有重要参考价值。

5.4.3 时不变的复杂空间分布特性

接下来，通过对北京市出租车 GPS 坐标分析，我们验证了城市 IoV 网络时不变的空间拓扑特性。表 5.1 给出了网络拓扑参数的一些计算结果，包括一天 24 小时内不同时刻的车辆节点的数量、节点的平均度、度相关性[②]、平均最短距离、介数中心性和聚类系数。我们可以发现，车辆节点的数量和平均度随着时间的不同而发生变化。具体来说，鉴于早上 8 点是北京市的早高峰时间，很多出租车为了避免交通拥堵而选择停运，因而总的数量相对较小。上午 10 点之后，车辆节点的平均度大幅增加，且保持稳定。考虑介数中心性和聚类系数这两个复杂网络核心参数，我们可以看出，尽管车辆数量和平均度随着时间的不同有所变化，但网络在小世界特性和无标度特性上具有时不变特性，我们称为“时不变的复杂空间分布特性”。显然，时不变的复杂空间分布特性是基于网络拓扑结构的一种统计特征，而网络中每个节点遵循着自己特定的运动轨迹。因此，可以用宏观上的静态拓扑来刻画和建模微观上时变且局部动态的 IoV 异构网

① 六度分割理论是指只需要最多经过 6 个人就能将世界上任意两个人联系起来。抽象来说，在一个大的网络中，两个节点最多可以通过 6 个中间节点连接起来。

② 度相关性用来衡量具有不同度值的节点的连接偏好。

络，同时时不变的小世界特性和无标度特性能够在信息路由、负载分配和道路网络设计等方面具有一定的应用价值。

表 5.1　城市 Iov 网络的空间分布特性

时间	车辆数量	平均度	度相关性	平均距离/m	介数中心性	聚类系数
8:00	4960	26.4091	0.9043	12844	0.0035	0.6749
10:00	6870	34.8094	0.8290	11905	0.0027	0.6631
12:00	7510	49.4798	0.8636	11628	0.0027	0.6666
14:00	7475	48.3738	0.8485	11359	0.0028	0.6569
16:00	7668	47.6251	0.8493	11305	0.0027	0.6583
18:00	7863	47.6692	0.8413	11317	0.0026	0.6572
20:00	7869	45.3365	0.8084	11472	0.0025	0.6616

5.5　仿 真 分 析

根据节点和链路的通信阻抗的定义，我们建模了 IoV 网络的信息采集和传播过程，提出了网关节点选择和信息负载分配的优化策略。在本节中，仿真所使用的计算机处理器为英特尔酷睿 i7-8700 @ 3.20 GHz，内存为 8 GB；并且使用仿真工具 MATLAB R2016b 来验证我们提出的算法，评估通信阻抗和网络信息协同扩散性能。

在仿真实验中，无线通信信道采用高计算效率的经验障碍模型，有 $L_x = L_{\text{freespace}} + L_{\text{obs}}$，其中公式（5-1）和公式（5-2）给出了 $L_{\text{freespace}}$ 和 L_{obs} 的值。图 5.5 反映了平均通信阻抗与载波频率和能量噪声比 ENR 之间的关系，同时给出了节点最大传输距离 r 对它们的影响。公式（5-3）中的权重系数设置为 $\alpha_1 = 5 \times 10^{-6}$，$\alpha_2 = 2.5 \times 10^{-2}$，$\alpha_3 = 5$ 以及 $\alpha_4 = 10^{-2}$。此外，非线性控制参数 $\psi_1 = 1$，$\psi_2 = 0.8$ 以及 $\psi_3 = 0.1$。如图 5.5(a) 所示，我们比较了不同通信半径 r 下平均通信阻抗与载波频率的关系，其中 ENR = 20 dB，随着载波频率的增加，由于高频信号穿过信道的衰减变得严重，该场景下的平均通信阻抗 R 也相应增加。同样，由于需要更大的发射功率，较大的最大通信范围 r 也会增加平均通信阻抗。根据 IEEE 802.11p 标准，在车载信息网络中，最大信息传输距离被建议为

$r = 1000$（m），载波频率为 $f = 5.9$（GHz），在图 5.5(b) 中，我们固定载波频率 $f = 5.9$（GHz），仿真了不同通信半径 r 下平均通信阻抗与 ENR 之间的关系，可以看出，由于 ENR 是决定接收机接收到信号质量的核心参数，在相同 ENR 条件下，最大信息传输范围 r 对通信阻抗几乎没有影响。

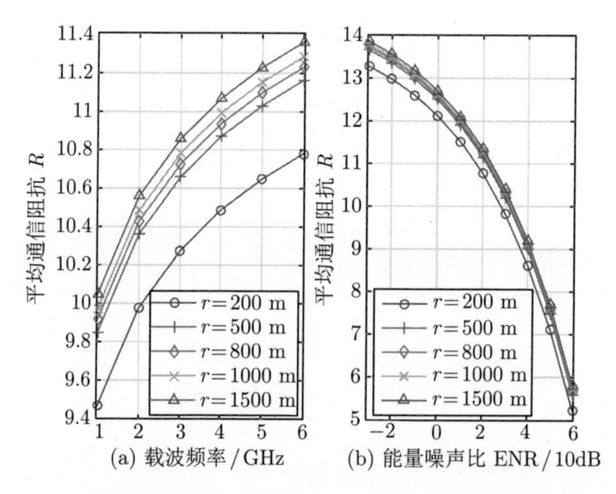

图 5.5 不同通信半径 r 下通信阻抗与载波频率和能量噪声比的关系

基于 5.3.1 节提出的基于谱聚类的 IoV 网络的信息收集体系，图 5.6 和图 5.7 给出了基于不同标度的子区域划分方法，其中仿真采用的数据集坐标范围是经度 $[116.31°, 116.38°]$，纬度 $[39.87°, 39.91°]$。图 5.6 所展示的子区域划分只依赖于节点之间实际的物理距离（欧拉距离），并没有考虑任何有关通信性能的约束。基于公式（5-6）定义的广义距离并且根据谱聚类算法 10，图 5.7 给出了考虑节点复杂拓扑连接和通信性能的子区域划分结果，其中 $\xi_1 = 2.5$，$\omega_1 = 1$，以及 $\epsilon = 0.5$，$\xi_2 \Lambda^{\omega_2}$ 可以被看作常数。根据子区域划分结果，图 5.6 的平均节点度为 81.79，图 5.7 的平均节点度为 71.30。我们提出的 IoV 网络子区域划分方法可能会形成不规则形状的簇，但是考虑道路对车辆的位置的约束以及负载的不均衡性，该分簇机制能够减少通信的开销，确保了网络的连通性能。

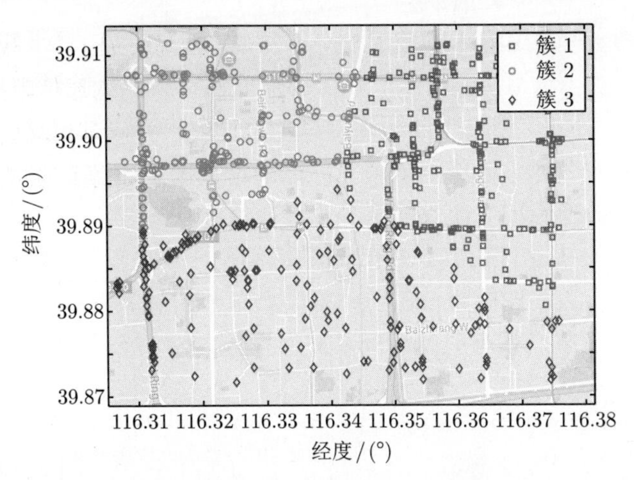

图 5.6　基于节点实际物理距离的子区域划分（仿真数据集坐标范围：经度 $[116.31°, 116.38°]$，纬度 $[39.87°, 39.91°]$；最大传输范围 $r = 1000$（m））

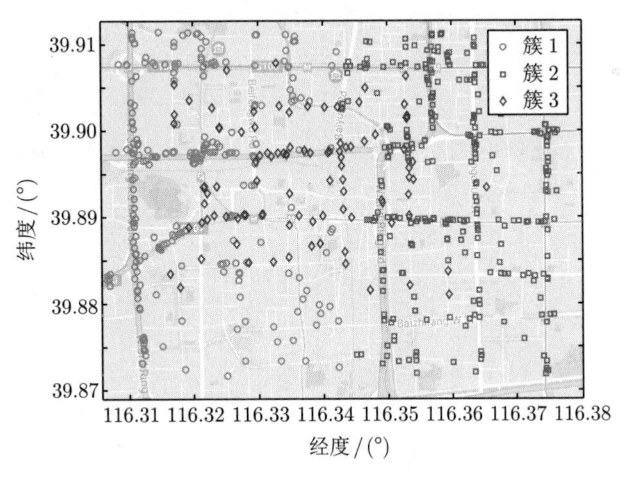

图 5.7　基于节点广义距离的子区域划分（数据集与图 5.6 中使用的相同）

对于 IoV 网络中的网关选择机制，图 5.8 给出了相关的仿真结果，其中我们采用车联网标准载波频率 $f = 5.9$（GHz），以及最大传输距离 $r = 1000$（m），仿真数据集坐标范围是经度 $[116.315°, 116.365°]$，纬度 $[39.88°, 39.91°]$。图 5.8(a) 展示出了每个网关节点的位置，图中实心圆点的大小表示该节点被选择作为网关节点的概率。图 5.8(b) 给出了网关节点选择概率分布及其在双对数坐标下的形式。可以看出，在异构 IoV 网络中，只有少数车辆节点具有较高的被选择成为网关节点的概率。图 5.8(c) 和图 5.8(d) 记录了信息扩散场景下每个车辆节点转发数据包的次数，也就是传输负载分布，其中网关节点的选择依据图 5.8(b) 中的选择概率分布。图中实心节点的大小反映了节点转发负载的多少。图 5.8(d) 给出了节点归一化的转发负载次数。在仿真中，网关车辆节点可以看作其他车辆和指挥中心之间的桥梁。由于网络中心节点传输数据包的中继任务重，因此网络边缘节点具有更高的概率被选择作为网关节点与控制中心和其他专网、公网互联。

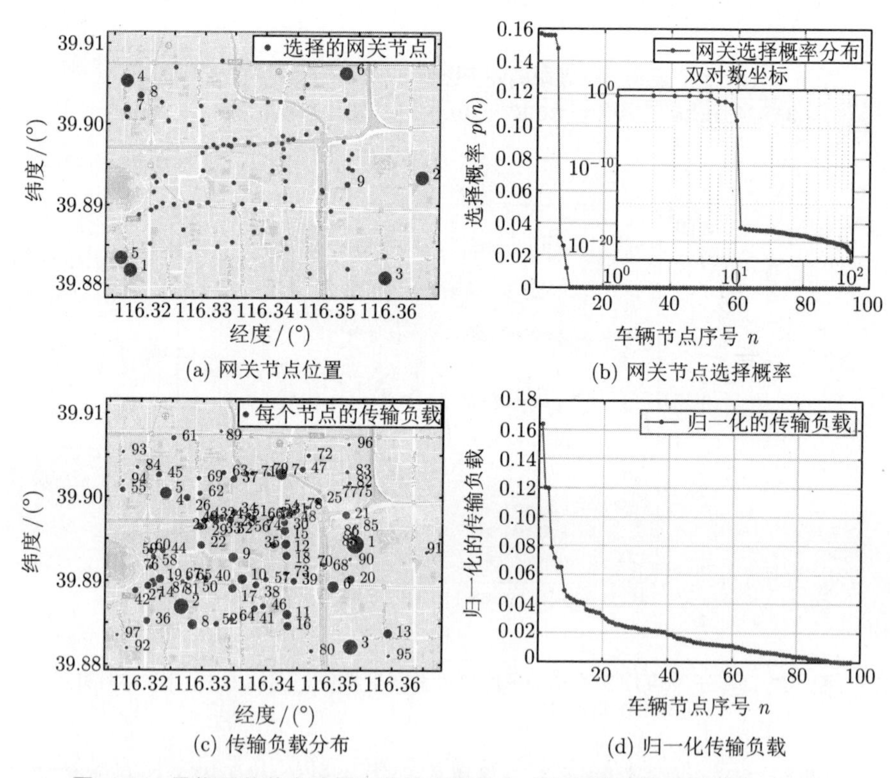

(a) 网关节点位置

(b) 网关节点选择概率

(c) 传输负载分布

(d) 归一化传输负载

图 5.8 最优网关节点选择和传输负载分布（仿真数据集坐标范围：经度 $[116.315°, 116.365°]$，纬度 $[39.88°, 39.91°]$；最大传输范围 $r = 1000$（m））

针对 5.3.3 节问题（5-22）中设计的信息流的路径优化机制，图 5.9 给出了在不同链路容量 c 的条件下，信息流的分配机制方案，其中仿真数据集坐标范围是经度 $[116.315°, 116.365°]$，纬度 $[39.88°, 39.91°]$；最大传输范围 $r = 1000$（m），总数据包的数量 $Q = 1000$）。从图中可以看出，当链路容量变小时，从源节点传输到目的节点的数据包会更分散地在网络中扩散，且传输路径会尽可能地避开网络内部或者核心位置的节点，更倾向于选择网络边缘的节点。图 5.9 中每条链路上具体的信息流量在图 5.10 中被进一步描述和展示。

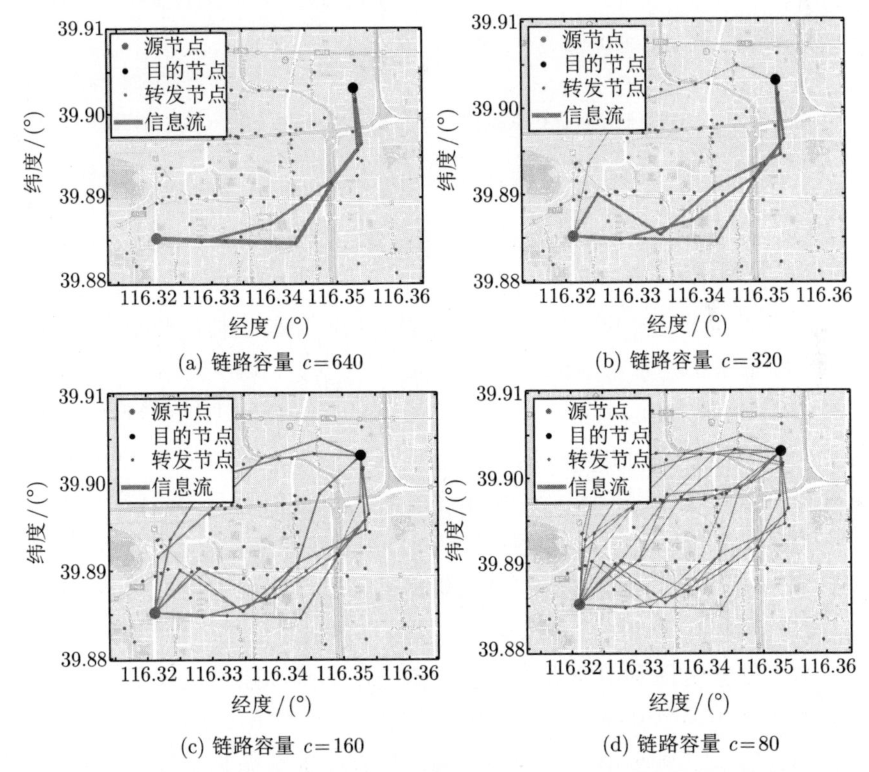

(a) 链路容量 $c=640$

(b) 链路容量 $c=320$

(c) 链路容量 $c=160$

(d) 链路容量 $c=80$

图 5.9　不同链路容量约束条件下信息流的路径优化配置结果（仿真数据集坐标范围：经度 $[116.315°, 116.365°]$，纬度 $[39.88°, 39.91°]$；最大传输范围 $r = 1000$（m），总数据包的数量 $Q = 1000$）

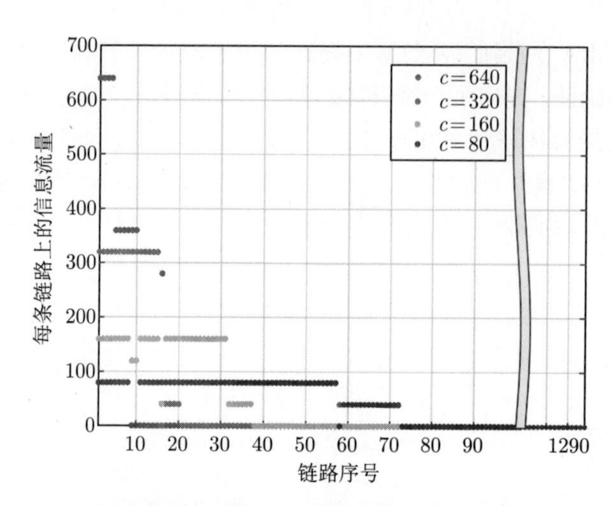

图 5.10　不同链路容量约束条件下每条链路的信息流量（见文前彩图）

5.6　本 章 小 结

本章以 IoV 异构网络为场景，探索异构网络信息协同收集和传输的方法。本章基于北京市出租车 GPS 的真实数据集，将城市 IoV 网络建模成一个无向加权图，并验证了该拓扑的小世界特性和无标度特性。我们将无向加权图的节点和连边的权重创新地定义为节点和连边的通信阻抗，该权重不仅反映了节点和边在网络拓扑中的位置信息，同时体现了节点和连边在信息传输和扩散过程中发挥的作用。基于定义的通信阻抗，我们提出了一种基于广义距离的信息收集体系，以及网络中信息协同扩散机制，该机制包含了网关节点选择策略和信息传输路径选择机制策略。

本章创新性地利用宏观上的静态拓扑来刻画和建模微观上时变且局部动态的 IoV 异构网络。仿真结果表明，在异构 IoV 网络中，为了最大化网络容量、减小信息传输的开销，只有少数车辆具有较高的概率被选作网关节点，并且只有少数的路径具有较高的概率被选作信息扩散的路径。

异构信息网络中的信息传输与扩散不仅需要考虑传统的信道质量、发射功率等通信参数，还需要考虑网络的拓扑特性与复杂连接对信息的传输和扩散的影响。本章基于对真实数据集的分析和验证，从网络科学的角度证明了 IoV 网络的复杂网络特性，并结合复杂网络特性参数从建模、求解到仿真验证，提出了一种异构网络信息协同扩散机制，该信息协同扩散机制不仅能够很好地利用节点的位置信息和拓扑特性提高网络传输容量，同时相关研究思路和结论还可以服务于交通管理、道路设计等一系列未来智能交通的应用。

第 6 章　结论与展望

本章首先总结了本书的主要贡献和创新点，然后基于本书研究的核心问题，面向未来空–天–地–海一体化异构复杂网络提出了几点研究展望。

6.1　主要贡献和创新点

本书围绕异构信息网络的协同优化问题展开研究，分别从网络传输资源协同配置、网络多用户协同接入机制以及网络化信息协同传输扩散三个核心问题出发，探索了在有限的环境资源约束条件下网络与网络、网络与用户以及网络与信息三个层面的协同协作机理，对基于认知学习的网络之间频谱资源的协同优化配置、多层异构网络中基于空间、能量和信道资源的协同优化配置、接入点密集部署的网络与用户协同匹配与选择、具有复杂空间分布特性的异构网络中信息传输网关节点和负载分配路径的协同优化四个子问题进行了从问题模型建立、理论推导、算法设计到仿真评估的体系化的研究。前两个子问题研究了异构信息网络中不同功能的网络之间针对有限的资源感知、资源共享和资源管理的协同优化机理，提高了网络资源利用效率和异构网络系统的通信性能；第三个子问题研究了异构信息网络中用户和网络拓扑结构以及系统服务状态的协同机制，最大化用户接入网络后的收益；最后一个子问题从宏观的角度研究异构信息网络拓扑复杂性与信息传输的内在关联[224-226]，优化网关节点选择、负载分配和传输路径的选择，实现信息高效可靠扩散，提高了整个异构网络的容量。本书的主要贡献和创新点如下：

(1) **基于认知的网络间频谱资源协同优化**。考虑单一网络使用全部的频谱资源在频率上和时间上都存在浪费的现象，本书以探测-通信异构网络为场景，研究了多个网络之间频谱资源共享的机制。本书首先将异构网络之间的频谱资源协同配置分为感知决策和接入决策两个阶段，在感知决策阶段次网络自主学习主网络的运行状态和外界环境信息，并在接入决策阶段选择最优资源协同利用机制与主网络共享传输资源。此外，本书提出了基于 POMDP 模型的频谱资源协同配置机制，定义了系统状态向量集合、估计状态向量集合、信念状态向量集合、信念状态向量转移函数、行动向量集合、系统收益函数等核心要素及它们之间的逻辑关系和数量关系。为了快速有效地得到最优频谱资源协同配置策略，本书提出了一种低复杂度的高效的 POMDP 问题的求解算法，极大缩小了寻优过程中的搜索空间。仿真结果显示，本书提出的基于 POMDP 的频谱资源协同配置机制能够提高网络的频谱资源利用效率，与基于完全子信道状态信息的最优决策机制相比，基于采样的低复杂度求解算法能够快速高效地提供近似最优的资源协同策略。

(2) **多层异构网络基于空间、能量和信道的资源协同优化**。针对多层异构网络跨层干扰不可避免、网络内部用户功率和 QoS 矛盾冲突的问题，本书以卫星-无人机-地面蜂窝三层异构网络为场景，研究了多层网络间干扰抑制和功率匹配的问题，合理配置无人机通信网络的无人机位置、接入信道和用户功率。本书首先通过分析不同网络的信道特征、业务特性和用户需求，建立了空-天-地三层异构信息网络跨层干扰模型。其次，本书提出了基于位置和功率联合优化的资源协同配置机制，将求解复杂的多变量非凸优化问题转化为对两个简单的子优化问题进行双阶段联合迭代求解，并基于拉格朗日对偶分解和凹凸过程给出了两个子问题的最优解形式。最后设计了一个低复杂度的双阶段联合迭代优化的贪婪算法。仿真结果表明，我们提出的基于空间、能量和信道的资源协同配置方法相比于传统非协同资源配置策略能够提高无人机通信网络的频谱效率一倍以上，同时它能够满足地面蜂窝网和卫星网络干扰门限约束，满足无人机用户的 QoS 约束，以及无人机安全飞行高度的约束。

(3) **多接入点部署的异构网络用户协同接入**：考虑到接入点的服务状态、能量状态、位置信息等会对用户的接入产生影响，且异构信息网络具有众多异质异构接入节点的特点，本书以 Li-Fi/Wi-Fi 异构网络为场景，研究接入点拓扑结构影响下和接入点状态信息部分可观测条件下用户的最优接入策略。本书首先建立了室内异构网络无线电上行和可见光下行的混合信道模型，构建了基于多臂老虎机模型的系统决策概率分布更新机制。其次，本书提出了基于 EXP3 算法和 ELP 算法的系统决策概率分布更新算法，其中基于 ELP 算法的系统决策概率分布更新同时考虑了接入点近邻的状态信息以及多 LED 部署的拓扑结构信息。本书定义了累积收益差值函数来衡量不同接入机制的性能，基于该定义，本书推导出了两个算法下累积收益差值的期望值的上界。仿真结果表明，本书提出的多接入点异构网络用户协同接入策略相比于传统不考虑接入点拓扑结构和近邻信息的用户接入机制，用户得到的链路吞吐量提高了 20%。

(4) **复杂空间分布的异构网络信息协同传输**：为了探索复杂异构网络拓扑特性与网络中信息传输的协同关联机制，本书以节点众多、拓扑时变的 IoV 异构网络为场景，研究异构网络中信息协同传输扩散机制。本书首先构建了 IoV 网络的无向有权图模型，通过关联节点拓扑信息和信道环境定义了节点和节点之间的链路权重。本书基于对真实数据集的分析，揭示了城市 IoV 网络的时不变的复杂空间分布特性。其次，根据该网络的复杂空间分布的核心参数之一的介数中心性，提出了基于网络容量最大的网关节点协同选择机制以及基于链路通信阻抗的负载和传输路径协同分配机制。仿真结果表明，在异构 IoV 网络中，不同节点对于信息传输扩散的贡献和作用大不相同，为了最大化网络容量、减少信息传输过程中的开销，只有少数节点适合作为网关节点，并且只有少数的传输路径适合作为信息扩散的路径。

6.2 研究展望

如图 6.1 所示，下一代信息网络正朝着空–天–地–海全维一体化融合和互联互通的方向发展。具体来说，高中低轨卫星和各类浮空平台组成了未来异构网络的“空维”，各种大型航空器和小型无人机的自组织网络构成了“天维”，传统的地面蜂窝网络以及各类功能性的地面专用网络构成了“地维”，而新型海洋网络及其水下传感器网络、水下潜航器自组网络构成了下一代信息网络的“海维”。如果说过去人们的目标是通信网、广电网、计算机网“老三网”的融合，那么下一代信息网络的目标是空天网、地面网、海洋网“新三网”的全天候、全天时、全疆域、高效、可靠的互联、互通及互操作！为了实现这一目标，支持不同数据类型、不同用户 QoS 要求的信息服务，需要针对下一代信息网络在体系架构、网络协议、管理模式等方面攻关关键技术和难题 [227-228]。其中的核心就是打破传统将网络、用户和信息简单分割、独立研究的思路，开展基于全维软件定义的物理层、链路层和网络层协议之间的协同与重构，基于人工智能和机器学习的频谱、时隙、能量、存储、计算等资源的协同调配优化的研究。正是在这个背景下，本书以优化异构信息网络“安全可信、智能高效、开放融合、互联互通”的能力为目标，探讨了网络间传输资源协同配置、网络与用户协同接入和网络化信息协同传输三个方面的相关研究。根据本书的研究思路和结论，结合异构信息网络的发展趋势，以下对下一代异构信息网络协同优化基础理论和应用的研究热点予以总结和展望。

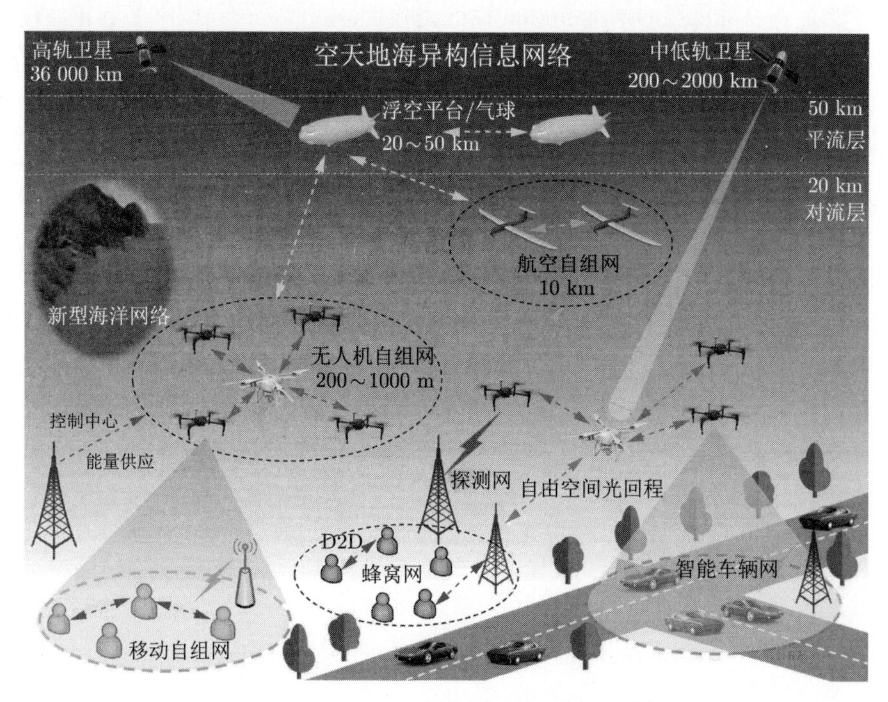

图 6.1　空–天–地–海异构信息网络示意图

(1) **异构网络智能化跨维跨域资源协同优化**。在下一代异构信息网络中，数据包从源节点传输到目的节点需要经过不同维度下的多个节点进行转发和中继。网络中任何一个维度中的网络组成、环境资源的变化将会直接影响数据包在传输过程中的物理层特性、流控制和路由策略等，进而影响系统的吞吐量、传输时延和可靠性等性能。因此，研究智能化的跨维跨域资源协同优化能够从全局角度出发，兼顾网络不同维度之间的相互影响和承接关系，提高系统整体性能。

(2) **基于帕累托理论的异构网络多目标协同优化**。在下一代异构信息网络中，由于涉及的对象多、业务广、QoS 分级，通常在网络中遇到的实际优化问题必须同时满足多个目标函数才能得到一个合理的解决方案。传统的单一目标优化方法仅依赖于单一度量求解全局最优解，而多目标优化方法面向多个度量指标依赖于帕累托最优性原理求解全局最优解。根据定义，在一组帕累托全局最优解集中，若要提高其中任何一个指标的性能必须以降低至少一个指标的性能为代价。因此，在异构网络容量、时延、能耗、可靠性、安全性、复杂度、生命周期等多个系统性能指标的共同要求下，研究基于帕累托理论的多目标协同优化具有重要意义。

(3) **新型海洋异构信息网络多介质协同优化**。随着国家海洋战略的开展，为海权维护和海洋产业提供信息化保障服务有必要且紧迫。由于卫星无法覆盖水下，而陆地与海洋之间在地理环境、气候条件、用户分布等方面存在巨大差异，使陆地移动互联网等标准化信息体系不能直接延伸到海洋，特别是远海区域和水下，一些成熟的通信技术和网络技术也不能直接适用于海洋环境，使军用、民用两个方面的海洋信息服务一直无法得到有效解决。因此，声、光、电三种传输介质下的时间、空间和载荷资源的协同优化是新型海洋异构信息网络宽带通信和柔性监测领域需要研究的关键问题之一[229]。

参考文献

[1] AGIWAL M, ROY A, SAXENA N. Next generation 5G wireless networks: A comprehensive survey[J]. IEEE Communications Surveys & Tutorials, 2016, 18(3):1617–1655.

[2] 靳明双, 郜帅, 张宏科. 智慧协同网络研究进展 [J]. 重庆邮电大学学报 (自然科学版), 2018, 30(1):22–32.

[3] 徐勇军, 李国权, 徐鹏, 等. 异构无线网络资源分配算法研究综述 [J]. 重庆邮电大学学报 (自然科学版), 2018, 30(3):289–299.

[4] 彭大芹, 王付龙, 孙向月. 能效优先的用户关联与功率控制协同优化机制 [J]. 计算机应用研究, 2019, 36(6):1–6.

[5] 周逊, 曹亚楠, 张庆伟, 等. 新的太赫兹超高速无线网络媒体访问控制协议 [J]. 计算机应用, 2013, 33(11):3019–3023.

[6] 程宏伟. 面向无线局域网络 MAC 层的信道接入机制研究 [M]. 北京: 北京邮电大学, 2015.

[7] 陶怡栋. 基于无线网络的 IP 电话终端的设计与实现 [D]. 兰州: 兰州交通大学, 2012.

[8] GUTIERREZ J A, CALLAWAY E H, BARRETT R L. Low-rate Wireless Personal Area Networks: Enabling Wireless Sensors with IEEE 802.15. 4[M]. Piscataway: IEEE Press, 2004.

[9] CROW B P, WIDJAJA I, KIM J G, et al. IEEE 802.11 wireless local area networks[J]. IEEE Communications Magazine, 1997, 35(9):116–126.

[10] EKLUND C, MARKS R B, PONNUSWAMY S, et al. WirelessMAN: Inside the IEEE 802.16 Standard for Wireless Metropolitan Area Networks[M]. Piscataway: IEEE Press, 2006.

[11] HANSEN R A, RAWLES P T. Wide Area Networks. Proceedings of Encyclopedia of Information Technology Curriculum Integration[M]. Hershey: IGI Global, 2008: 971–978.

[12] GUPTA A, JHA R K. A survey of 5G network: Architecture and emerging technologies[J]. IEEE Access, 2015, 3:1206–1232.

[13] BARONTI P, PILLAI P, CHOOK V W, et al. Wireless sensor networks: A survey on the state of the art and the 802.15.4 and ZigBee standards[J]. Computer Communications, 2007, 30(7):1655–1695.

[14] ILYAS M. The Handbook of Ad Hoc Wireless Networks[M]. Boca Raton: CRC Press, 2017.

[15] MOVASSAGHI S, ABOLHASAN M, LIPMAN J, et al. Wireless body area networks: A survey[J]. IEEE Communications Surveys & Tutorials, 2014, 16(3):1658–1686.

[16] ABRAMSON N. Development of the ALOHANET[J]. IEEE Transactions on Information Theory, 1985, 31(2):119–123.

[17] 周群峰, 徐龙华, 李攀. 当今下一代无线通信技术的发展方向探索 [J]. 中国新通信, 2018, (17):143.

[18] 邬贺铨. 大数据驱动 5G 网络与服务优化 [J]. 大数据, 2019, 4(6):2018055.

[19] PAN P, ZHANG Y, JU X, et al. Capacity of generalised network multiple-input–multiple-output systems with multicell cooperation[J]. IET Communications, 2013, 7(17):1925–1937.

[20] WANG H, PAN P, SHEN L, et al. On the pair-wise error probability of a multi-cell MIMO uplink system with pilot contamination[J]. IEEE Transactions on Wireless Communications, 2014, 13(10):5797–5811.

[21] LARSSON E G, EDFORS O, TUFVESSON F, et al. Massive MIMO for next generation wireless systems[J]. IEEE Communications Magazine, 2014, 52(2):186–195.

[22] WANG H, ZHANG W, LIU Y, et al. On design of non-orthogonal pilot signals for a multi-cell massive MIMO system[J]. IEEE Wireless Communications Letters, 2015, 4(2):129–132.

[23] 张涛. 异构 D2D 协作网络中的传输优化研究 [D]. 南昌: 南昌大学, 2018.

[24] WANG J, JIANG C, BIE Z, et al. Mobile data transactions in device-to-device communication networks: Pricing and auction[J]. IEEE Wireless Communications Letters, 2016, 5(3):300–303.

[25] FENG D, LU L, YUAN-WU Y, et al. Device-to-device communications underlaying cellular networks[J]. IEEE Transactions on Communications, 2013, 61(8):3541–3551.

[26] AL-FUQAHA A, GUIZANI M, MOHAMMADI M, et al. Internet of things: A survey on enabling technologies, protocols, and applications[J]. IEEE Communications Surveys & Tutorials, 2015, 17(4):2347–2376.

[27] CHIANG M, ZHANG T. Fog and IoT: An overview of research opportunities[J]. IEEE Internet of Things Journal, 2016, 3(6):854–864.

[28] KAUR K, GARG S, AUJLA G S, et al. Edge computing in the industrial internet of things environment: Software-defined-networks-based edge-cloud interplay[J]. IEEE Communications Magazine, 2018, 56(2):44–51.

[29] 李建东, 盛敏, 刘俊宇, 等. 5G 超密集无线网络自组织技术 [J]. 物联网学报, 2018, 2(1):24–34.

[30] ZHANG Q, LIN M, YANG L T, et al. Energy-efficient scheduling for real-time systems based on deep Q-learning model[J]. IEEE Transactions on Sustainable Computing, 2019, 4(1):132–141.

[31] 李莉, 叶鹏, 彭张节, 等. 一种超密集异构网中联合干扰协调方法研究 [J]. 电子与信息学报, 2019, 41(1):9–15.

[32] ANDREWS J G, ZHANG X, DURGIN G D, et al. Are we approaching the fundamental limits of wireless network densification?[J]. IEEE Communications Magazine, 2016, 54(10):184–190.

[33] HOADLEY J, MAVEDDAT P. Enabling small cell deployment with HetNet[J]. IEEE Wireless Communications, 2012, 19(2):4–5.

[34] ZHANG H, JIANG C, HU R Q, et al. Self-organization in disaster-resilient heterogeneous small cell networks[J]. IEEE Network, 2016, 30(2):116–121.

[35] XIN G, LI X, HU J, et al. Joint user association and user scheduling for load balancing in heterogeneous networks[J]. IEEE Transactions on Wireless Communications, 2018, 17(5):3211–3225.

[36] WU J, ZHANG Z, HONG Y, et al. Cloud radio access network (C-RAN): A primer[J]. IEEE Network, 2015, 29(1):35–41.

[37] CHECKO A, CHRISTIANSEN H L, YAN Y, et al. Cloud RAN for mobile networks - A technology overview[J]. IEEE Communications Surveys & Tutorials, 2015, 17(1):405–426.

[38] HUNG S C, HSU H, CHENG S M, et al. Delay guaranteed network association for mobile machines in heterogeneous cloud radio access network[J]. IEEE Transactions on Mobile Computing, 2018, 17(12):2744–2760.

[39] ELHATTAB M K, ELMESALAWY M M, ISMAIL T, et al. A matching game for device association and resource allocation in heterogeneous cloud radio access network[J]. IEEE Communications Letters, 2018, 22(8):1664–1667.

[40] SUDEVALAYAM S, KULKARNI P. Energy harvesting sensor nodes: Survey and implications[J]. IEEE Communications Surveys & Tutorials, 2011, 13(3):443–461.

[41] RAGHUNATHAN V, SCHURGERS C, PARK S, et al. Energy-aware wireless microsensor networks[J]. IEEE Signal Processing Magazine, 2002, 19(2):40–50.

[42] SALEH S, AHMED M, ALI B M, et al. A survey on energy awareness mechanisms in routing protocols for wireless sensor networks using optimization methods[J]. Transactions on Emerging Telecommunications Technologies, 2014, 25(12):1184–1207.

[43] 樊自甫, 李悦宁, 胡敏, 等. 基于信息能量同传的异构小蜂窝网络能效优化 [J]. 计算机应用研究, 2019, 36(1):175–178.

[44] JIANG C, CHEN Y, YANG Y H, et al. Dynamic chinese restaurant game: Theory and application to cognitive radio networks[J]. IEEE Transactions on Wireless Communications, 2014, 13(4):1960–1973.

[45] JIANG C, CHEN Y, LIU K R, et al. Renewal-theoretical dynamic spectrum access in cognitive radio network with unknown primary behavior[J]. IEEE Journal on Selected Areas in Communications, 2013, 31(3):406–416.

[46] THOMAS R W, FRIEND D H, DASILVA L A, et al. Cognitive networks: Adaptation and learning to achieve end-to-end performance objectives[J]. IEEE Communications Magazine, 2006, 44(12):51–57.

[47] MANOJ B, RAO R R, ZORZI M. Cognet: A cognitive complete knowledge network system[J]. IEEE Wireless Communications, 2008, 15(6):81–88.

[48] XIA W, WEN Y, FOH C H, et al. A survey on software-defined networking[J]. IEEE Communications Surveys & Tutorials, 2015, 17(1):27–51.

[49] LIANG C, YU F R. Wireless network virtualization: A survey, some research issues and challenges[J]. IEEE Communications Surveys & Tutorials, 2015, 17(1):358–380.

[50] KIM H, FEAMSTER N. Improving network management with software defined networking[J]. IEEE Communications Magazine, 2013, 51(2):114–119.

[51] JAIN R, PAUL S. Network virtualization and software defined networking for cloud computing: A survey[J]. IEEE Communications Magazine, 2013, 51(11):24–31.

[52] HAN B, GOPALAKRISHNAN V, JI L, et al. Network function virtualization: Challenges and opportunities for innovations[J]. IEEE Communications Magazine, 2015, 53(2):90–97.

[53] LI Y, CHEN M. Software-defined network function virtualization: A survey[J]. IEEE Access, 2015, 3:2542–2553.

[54] 张宏科, 苏伟. 新网络体系基础研究：一体化网络与普适服务 [J]. 电子学报, 2007, 4:593–598.

[55] 陈广泉. 认知异构无线网络若干关键技术研究 [D]. 北京: 北京邮电大学, 2011.

[56] 田峰, 杨震. 基于 Mesh 技术的网络融合与协同 [J]. 中兴通讯技术, 2008, 14(3):13–17.

[57] 王晓平, 王亚峰. 异构网络下移动性管理分析及优化策略研究 [J]. 电信技术, 2018, (1):39–41.

[58] 白晓东, 郭菊. 异构网络 TCP 性能优化研究 [J]. 实验室研究与探索, 2018, 37(1):104–108.

[59] 周雨晨. 下一代无线异构网络中资源管理技术研究 [D]. 西安: 西安电子科技大学, 2018.

[60] 郑倍雄. 面向下一代无线通信系统的信息附加/叠加传输技术研究 [D]. 广州: 华南理工大学, 2018.

[61] GUPTA P, KUMAR P R. The capacity of wireless networks[J]. IEEE Transactions on Information Theory, 2000, 46(2):388–404.

[62] CHUANG M C, CHEN M C, LIN Y H. SDN-based resource allocation scheme in ultra-dense OFDMA smallcell networks[C]// Proceedings of International Conference on Advanced Materials for Science and Engineering (ICAMSE), Tainan, Taiwan, 2016: 524–527.

[63] HALABIAN H. Distributed resource allocation optimization in 5G virtualized networks[J]. IEEE Journal on Selected Areas in Communications, 2019, 37(3):627–642.

[64] AYDIN O, JORSWIECK E A, AZIZ D, et al. Energy-spectral efficiency tradeoffs in 5G multi-operator networks with heterogeneous constraints[J]. IEEE Transactions on Wireless Communications, 2017, 16(9):5869–5881.

[65] ZHANG Z, LIU F, ZENG Z. The cell zooming algorithm for energy efficiency optimization in heterogeneous cellular network[C]. Proceedings of The 9th International Conference on Wireless Communications and Signal Processing (WCSP), Nanjing, China, 2017: 1–5.

[66] CELEBI H, GÜVENÇ I. Load analysis and sleep mode optimization for energy-efficient 5G small cell networks[C]. Proceedings of IEEE International Conference on Communications Workshops (ICC Workshops), Paris, France, 2017: 1159–1164 .

[67] XIE R, YU F R, JI H, et al. Energy-efficient resource allocation for heterogeneous cognitive radio networks with femtocells[J]. IEEE Transactions on Wireless Communications, 2012, 11(11):3910–3920.

[68] TURKBOYLARI M, STUBER G L. An efficient algorithm for estimating the signal-to-interference ratio in TDMA cellular systems[J]. IEEE Transactions on Communications, 1998, 46(6):728–731.

[69] MA M, HUANG X, GUO Y J. An interference self-cancellation technique for SC-FDMA systems[J]. IEEE Communications Letters, 2010, 14(6):512–514.

[70] KOUNTOURIS M, ANDREWS J G. Downlink SDMA with limited feedback in interference-limited wireless networks[J]. IEEE Transactions on Wireless Communications, 2012, 11(8):2730–2741.

[71] ZHANG H, JIANG C, MAO X, et al. Interference-limited resource optimization in cognitive femtocells with fairness and imperfect spectrum sensing[J]. IEEE Transactions on Vehicular Technology, 2016, 65(3):1761–1771.

[72] LIU Y, QIN Z, ELKASHLAN M, et al. Nonorthogonal multiple access for 5G and beyond[J]. Proceedings of the IEEE, 2017, 105(12):2347–2381.

[73] PAULRAJ A J, GORE D A, NABAR R U, et al. An overview of MIMO communications: A key to Gigabit wireless[J]. Proceedings of the IEEE, 2004, 92(2):198–218.

[74] FOOLADIVANDA D, ROSENBERG C. Joint resource allocation and user association for heterogeneous wireless cellular networks[J]. IEEE Transactions on Wireless Communications, 2013, 12(1):248–257.

[75] CHOI Y, KIM H, HAN S W, et al. Joint resource allocation for parallel multi-radio access in heterogeneous wireless networks[J]. IEEE Transactions on Wireless Communications, 2010, 9(11):3324–3329.

[76] ZHANG H, JIANG C, BEAULIEU N C, et al. Resource allocation in spectrum-sharing OFDMA femtocells with heterogeneous services[J]. IEEE Transactions on Communications, 2014, 62(7):2366–2377.

[77] HUANG X, WEI X, HONG S, et al. Utility-energy efficiency oriented user association with power control in heterogeneous networks[J]. IEEE Wireless Communications Letters, 2018, 7(4):526–529.

[78] FENG M, MAO S, TAO J. Joint frame design, resource allocation and user association for massive MIMO heterogeneous networks with wireless backhaul[J]. IEEE Transactions on Wireless Communications, 2018, 17(3):1937–1950.

[79] ZHU K, HOSSAIN E, NIYATO D. Pricing, spectrum sharing, and service selection in two-tier small cell networks: A hierarchical dynamic game approach[J]. IEEE Transactions on Mobile Computing, 2014, 13(8):1843–1856.

[80] YANG Y, CHEN Y, JIANG C, et al. Wireless access network selection game with negative network externality[J]. IEEE Transactions on Wireless Communications, 2013, 12(10):5048–5060.

[81] WU X, BASNAYAKA D, SAFARI M, et al. Two-stage access point selection for hybrid VLC and RF networks[C]. Proceedings of IEEE 27th Annual International Symposium on Personal, Indoor, and Mobile Radio Communications (PIMRC), Valencia, Spain, 2016: 1–6.

[82] SOLTANI M D, WU X, SAFARI M, et al. Access point selection in Li-Fi cellular networks with arbitrary receiver orientation[C]. Proceedings of IEEE 27th Annual International Symposium on Personal, Indoor, and Mobile Radio Communications (PIMRC), Valencia, Spain, 2016: 1–6.

[83] LIU Y, HUANG Z, LI W, et al. Game theory-based mode cooperative selection mechanism for device-to-device visible light communication[J]. Optical Engineering, 2016, 55(3):030501.1–030501.4.

[84] MATSUI A. Best response dynamics and socially stable strategies[J]. Journal of Economic Theory, 1992, 57(2):343–362.

[85] BLUME L E. The statistical mechanics of best-response strategy revision[J]. Games and Economic Behavior, 1995, 11(2):111–145.

[86] WANG X, LI J, WANG L, et al. Intelligent user-centric network selection: A model-driven reinforcement learning framework[J]. IEEE Access, 2019, 7:21645–21661.

[87] HUI Y, SU Z, LUAN T H, et al. A game theoretic scheme for optimal access control in heterogeneous vehicular networks[C]. IEEE Transactions on Intelligent Transportation Systems, DOI:10.1109/TITS.2019.2894716, 2019: 1–14.

[88] ANDREEV S, GERASIMENKO M, GALININA O, et al. Intelligent access network selection in converged multi-radio heterogeneous networks[J]. IEEE Wireless Communications, 2014, 21(6):86–96.

[89] GRUHL D, GUHA R, LIBEN-NOWELL D, et al. Information diffusion through blogspace[C]. Proceedings of The 13th International Conference on World Wide Web, 2004: 491–501.

[90] JIANG C, CHEN Y, LIU K R. Evolutionary dynamics of information diffusion over social networks[J]. IEEE Transactions on Signal Processing, 2014, 62(17):4573–4586.

[91] CAO X, CHEN Y, JIANG C, et al. Evolutionary information diffusion over heterogeneous social networks[J]. IEEE Transactions on Signal and Information Processing over Networks, 2016, 2(4):595–610.

[92] VESPIGNANI A. Modelling dynamical processes in complex socio-technical systems[J]. Nature Physics, 2012, 8(1):32–39.

[93] PASTOR-SATORRAS R, CASTELLANO C, VAN MIEGHEM P, et al. Epidemic processes in complex networks[J]. Reviews of Modern Physics, 2015, 87(3):925.

[94] ZHANG D, ZHANG D, XIONG H, et al. BASA: Building mobile ad-hoc social networks on top of android[J]. IEEE Network, 2014, 28(1):4–9.

[95] VASTARDIS N, YANG K. Mobile social networks: Architectures, social properties, and key research challenges[J]. IEEE Communications Surveys & Tutorials, 2013, 15(3):1355–1371.

[96] PENG M, HU Q, XIE X, et al. Network coded multihop wireless communication networks: Channel estimation and training design[J]. IEEE Journal on Selected Areas in Communications, 2015, 33(2):281–294.

[97] COSTA P, MASCOLO C, MUSOLESI M, et al. Socially-aware routing for publish-subscribe in delay-tolerant mobile ad hoc networks[J]. IEEE Journal on Selected Areas in Communications, 2008, 26(5):748–760.

[98] HUI P, CROWCROFT J, YONEKI E. Bubble rap: Social-based forwarding in delay-tolerant networks[J]. IEEE Transactions on Mobile Computing, 2011, 10(11):1576–1589.

[99] MEZGHANI F, MEZGHANI M, KAOUK A, et al. Evaluating seed selection for information diffusion in mobile social networks[C]. Proceedings of IEEE Wireless Communications and Networking Conference (WCNC), San Francisco, CA, IEEE. 2017: 1–6.

[100] THOMAS B, ATKINSON I, JURDAK R. Content diffusion in wireless MANETs: The impact of mobility and demand[C]. Proceedings of International Wireless Communications and Mobile Computing Conference (IWCMC), Nicosia, Cyprus, 2014: 959–966.

[101] YANG L, JIANG H, YANG J. The cyclic temporal network density and impact on information diffusion for delay tolerant network[C]. Proceedings of The 6th International Conference on Wireless Communications Networking and Mobile Computing (WiCOM), Chengdu, China, 2010: 1–5.

[102] ISLAM M T, AKON M, ABDRABOU A, et al. Modeling epidemic data diffusion for wireless mobile networks[J]. Wireless Communications and Mobile Computing, 2014, 14(7):745–760.

[103] LIU F, BUSS M. Optimal control for information diffusion over heterogeneous networks[C]. Proceedings of IEEE 55th Conference on Decision and Control (CDC), Las Vegas, NV, 2016: 141–146.

[104] ZHAO Q, SADLER B M. A survey of dynamic spectrum access[J]. IEEE Signal Processing Magazine, 2007, 24(3):79–89.

[105] SONG L, NIYATO D, HAN Z, et al. Game-theoretic resource allocation methods for device-to-device communication[J]. IEEE Wireless Communications, 2014, 21(3):136–144.

[106] ZHANG H, CHU X, GUO W, et al. Coexistence of Wi-Fi and heterogeneous small cell networks sharing unlicensed spectrum[J]. IEEE Communications Magazine, 2015, 53(3):158–164.

[107] LIU Y, DONG L. Spectrum sharing in MIMO cognitive radio networks based on cooperative game theory[J]. IEEE Transactions on Wireless Communications, 2014, 13(9):4807–4820.

[108] YI C, CAI J. Two-stage spectrum sharing with combinatorial auction and Stackelberg game in recall-based cognitive radio networks[J]. IEEE Transactions on Communications, 2014, 62(11):3740–3752.

[109] HAYVACI H, TAVLI B. Spectrum sharing in radar and wireless communication systems: A review[C]. Proceedings of IEEE International Conference on

Electromagnetics in Advanced Applications (ICEAA), Palm Beach, Netherlands Antilles, 2014: 810–813.

[110] TURLAPATY A, JIN Y. A joint design of transmit waveforms for radar and communications systems in coexistence[C]. Proceedings of IEEE Radar Conference, Cincinnati, OH, 2014: 315–319.

[111] LI B, KUMAR H, PETROPULU A P. A joint design approach for spectrum sharing between radar and communication systems[C]. Proceedings of IEEE International Conference on Acoustics, Speech and Signal Processing (ICASSP), Shanghai, China, 2016: 3306–3310.

[112] GENG Z, DENG H, HIMED B. Adaptive radar beamforming for interference mitigation in radar-wireless spectrum sharing[J]. IEEE Signal Processing Letters, 2015, 22(4):484–488.

[113] ZHAO Q, TONG L, SWAMI A, et al. Decentralized cognitive MAC for opportunistic spectrum access in ad hoc networks: A POMDP framework[J]. IEEE Journal on Selected Areas in Communications, 2007, 25(3):589–600.

[114] CHEN Y, ZHAO Q, SWAMI A. Joint design and separation principle for opportunistic spectrum access in the presence of sensing errors[J]. IEEE Transactions on Information Theory, 2008, 54(5):2053–2071.

[115] HOANG A T, LIANG Y C, WONG D T C, et al. Opportunistic spectrum access for energy-constrained cognitive radios[J]. IEEE Transactions on Wireless Communications, 2009, 8(3):1206–1211.

[116] WANG J, JIANG C, HAN Z, et al. Network association strategies for an energy harvesting aided super-WiFi network relying on measured solar activity[J]. IEEE Journal on Selected Areas in Communications, 2016, 34(12):3785–3797.

[117] WANG J, GUAN S, JIANG C, et al. Network association for cognitive communication and radar co-systems: A POMDP formulation[C]. Proceedings of IEEE International Conference on Communications (ICC), Kansas City, MO, 2018: 1–6.

[118] SENTHURAN S, ANPALAGAN A, DAS O. Throughput analysis of opportunistic access strategies in hybrid underlay-overlay cognitive radio networks[J]. IEEE Transactions on Wireless Communications, 2012, 11(6):2024–2035.

[119] ZOU J, XIONG H, WANG D, et al. Optimal power allocation for hybrid overlay/underlay spectrum sharing in multiband cognitive radio networks[J]. IEEE Transactions on Vehicular Technology, 2013, 62(4):1827–1837.

[120] BELLMAN R. On a routing problem[J]. Quarterly of Applied Mathematics, 1958, 16(1):87–90.

[121] SONDIK E J. The optimal control of partially observable Markov processes over the infinite horizon: Discounted costs[J]. Operations Research, 1978, 26(2):282–304.

[122] MOZAFFARI M, SAAD W, BENNIS M, et al. Efficient deployment of multiple unmanned aerial vehicles for optimal wireless coverage[J]. IEEE Communications Letters, 2016, 20(8):1647–1650.

[123] YU Q, WANG J, BAI L. Architecture and critical technologies of space information networks[J]. Journal of Communications and Information Networks, 2016, 1(3):1–9.

[124] DE SANCTIS M, CIANCA E, ARANITI G, et al. Satellite communications supporting Internet of remote things[J]. IEEE Internet of Things Journal, 2016, 3(1):113–123.

[125] GUPTA L, JAIN R, VASZKUN G. Survey of important issues in UAV communication networks[J]. IEEE Communications Surveys & Tutorials, 2016, 18(2):1123–1152.

[126] WANG J, JIANG C, HAN Z, et al. Taking drones to the next level: Cooperative distributed unmanned-aerial-vehicular networks for small and mini drones[J]. IEEE VehIcular Technology Magazine, 2017, 12(3):73–82.

[127] ZHOU Y, CHENG N, LU N, et al. Multi-UAV-aided networks: Aerial-ground cooperative vehicular networking architecture[J]. IEEE Vehicular Technology Magazine, 2015, 10(4):36–44.

[128] MERWADAY A, GUVENC I. UAV assisted heterogeneous networks for public safety communications[C]. Proceedings of IEEE Wireless Communications and Networking Conference Workshops (WCNCW), New Orleans, LA, 2015: 329–334.

[129] ZENG Y, ZHANG R, LIM T J. Wireless communications with unmanned aerial vehicles: Opportunities and challenges[J]. IEEE Communications Magazine, 2016, 54(5):36–42.

[130] MOZAFFARI M, SAAD W, BENNIS M, et al. A tutorial on UAVs for wireless networks: Applications, challenges, and open problems[Z]. arXiv preprint arXiv:1803.00680, 2018: 1–23.

[131] AMORIM R, NGUYEN H, MOGENSEN P, et al. Radio Channel Modelling for UAV Communication over Cellular Networks[J]. IEEE Wireless Communications Letters, 2017, 6(4):514–517.

[132] ZENG Y, ZHANG R. Energy-efficient UAV communication with trajectory optimization[J]. IEEE Transactions on Wireless Communications, 2017, 16(6):3747–3760.

[133] FADLULLAH Z M, TAKAISHI D, NISHIYAMA H, et al. A dynamic trajectory control algorithm for improving the communication throughput and delay in UAV-aided networks[J]. IEEE Network, 2016, 30(1):100–105.

[134] MOZAFFARI M, SAAD W, BENNIS M, et al. Unmanned aerial vehicle with underlaid device-to-device communications: Performance and tradeoffs[J]. IEEE Transactions on Wireless Communications, 2016, 15(6):3949–3963.

[135] EVANS B, WERNER M, LUTZ E, et al. Integration of satellite and terrestrial systems in future multimedia communications[J]. IEEE Wireless Communications, 2005, 12(5):72–80.

[136] SUFFRITTI R, CORAZZA G E, GUIDOTTI A, et al. Cognitive hybrid satellite-terrestrial systems[C]. Proceedings of ACM 4th International Conference on Cognitive Radio and Advanced Spectrum Management, Barcelona, Spain, 2011.

[137] LAGUNAS E, SHARMA S K, MALEKI S, et al. Resource allocation for cognitive satellite communications with incumbent terrestrial networks[J]. IEEE Transactions on Cognitive Communications and Networking, 2015, 1(3):305–317.

[138] RUPASINGHE N, YAPICI Y, GÜVENÇ I, et al. Non-orthogonal multiple access for mmWave drones with multi-antenna transmission[C]. Proceedings of The 51st Asilomar Conference on Signals, Systems, and Computers, Pacific Grove, CA, 2017: 958–963.

[139] 3GPP. Study on new radio (NR) to support non-terrestrial networks[C]. TR 38.811, 2018: 1–10.

[140] XIAO Z, XIA P, XIA X G. Enabling UAV cellular with millimeter-wave communication: Potentials and approaches[J]. IEEE Communications Magazine, 2016, 54(5):66–73.

[141] XIAO Z, ZHU L, CHOI J, et al. Joint power allocation and beamforming for non-orthogonal multiple access (NOMA) in 5G millimeter-wave communications[J]. IEEE Transactions on Wireless Communications, 2018, 17(5):2961–2974.

[142] LIN A Y M, NOVO A, HAR-NOY S, et al. Combining GeoEye-1 satellite remote sensing, UAV aerial imaging, and geophysical surveys in anomaly detection applied to archaeology[J]. IEEE Journal of Selected Topics in Applied Earth Observations and Remote Sensing, 2011, 4(4):870–876.

[143] SHARMA V, BENNIS M, KUMAR R. UAV-assisted heterogeneous networks for capacity enhancement[J]. IEEE Communications Letters, 2016, 20(6):1207–1210.

[144] ZHANG J, CHEN S, MAUNDER R G, et al. Adaptive coding and modulation for large-scale antenna array based aeronautical communications in the presence of co-channel interference[J]. IEEE Transactions on Wireless Communications, 2018, 17(2):1343–1357.

[145] WANG H, WANG J, DING G, et al. Resource allocation for energy harvesting-powered D2D communication underlaying UAV-assisted networks[J]. IEEE Transactions on Green Communications and Networking, 2018, 2(1):14–24.

[146] WANG J, JIANG C, WEI Z, et al. Joint UAV hovering altitude and power control for space-air-ground IoT networks[J]. IEEE Internet of Things Journal, DOI: 10.1109/JIOT.2018.2875493, 2018: 1–12.

[147] WANG J, JIANG C, WEI Z, et al. UAV aided network association in space-air-ground communication networks[C]. Proceedings of IEEE Global Communications Conference (GLOBECOM), Abu Dhabi, UAE, 2018: 1–6.

[148] WANG J, JIANG C, NI Z, et al. Reliability of cloud controlled multi-UAV systems for on-demand services[C]. Proceedings of IEEE Global Communications Conference (GLOBECOM), Singapore, 2017: 1–6.

[149] SHANNON C E. A mathematical theory of communication[J]. Bell Labs Technical Journal, 1948, 27(4):379–423.

[150] ZHU D, WANG J, SWINDLEHURST A L, et al. Downlink resource reuse for device-to-device communications underlaying cellular networks[J]. IEEE Signal Processing Letters, 2014, 21(5):531–534.

[151] STEPHEN R G, ZHANG R. Joint millimeter-wave fronthaul and OFDMA resource allocation in ultra-dense CRAN[J]. IEEE Transactions on Communications, 2017, 65(3):1411–1423.

[152] WONG C Y, CHENG R S, LATAIEF K B, et al. Multiuser OFDM with adaptive subcarrier, bit, and power allocation[J]. IEEE Journal on Selected Areas in Communications, 1999, 17(10):1747–1758.

[153] SEONG K, MOHSENI M, CIOFFI J M. Optimal resource allocation for OFDMA downlink systems[C]. Proceedings of IEEE International Symposium on Information Theory, Seattle, WA, 2006: 1394–1398.

[154] BOYD S, VANDENBERGHE L. Convex optimization[M]. Cambridge University Press, 2004.

[155] HELD M, WOLFE P, CROWDER H P. Validation of subgradient optimization[J]. Mathematical Programming, 1974, 6(1):62–88.

[156] FISHER M L. The Lagrangian relaxation method for solving integer programming problems[J]. Management Science, 1981, 27(1):1–18.

[157] PALOMAR D P, CHIANG M. A tutorial on decomposition methods for network utility maximization[J]. IEEE Journal on Selected Areas in Communications, 2006, 24(8):1439–1451.

[158] SHEN X, DIAMOND S, GU Y, et al. Disciplined convex-concave programming[C]. Proceedings of IEEE 55th Conference on Decision and Control (CDC), Las Vegas, NV, 2016: 1009–1014.

[159] LIPP T, BOYD S. Variations and extension of the convex-concave procedure [J]. Optimization and Engineering, 2016, 17(2):263–287.

[160] HE H, ZHANG S, ZENG Y, et al. Joint altitude and beamwidth optimization for UAV-enabled multiuser communications[J]. IEEE Communications Letters, 2018, 22(2):344–347.

[161] HANZO L, HAAS H, IMRE S, et al. Wireless myths, realities, and futures: from 3G/4G to optical and quantum wireless[C]. Proceedings of the IEEE, 2012, 100:1853–1888.

[162] SAADI M, WATTISUTTIKULKIJ L, ZHAO Y, et al. Visible light communication: Opportunities, challenges and channel models[J]. International Journal of Electronics & Informatics, 2013, 2(1):1–11.

[163] TSONEV D, VIDEV S, HAAS H. Light fidelity (Li-Fi): Towards all-optical networking[C]. Proceedings of The International Society for Optical Engineering Photonics West, 2014: 702–900.

[164] LEE S H, JUNG S Y, KWON J K. Modulation and coding for dimmable visible light communication[J]. IEEE Communications Magazine, 2015, 53(2):136–143.

[165] DING D, KE X. A new indoor VLC channel model based on reflection[J]. Optoelectronics Letters, 2010, 6(4):295–298.

[166] SONG J, DING W, YANG F, et al. An indoor broadband broadcasting system based on PLC and VLC[J]. IEEE Transactions on Broadcasting, 2015, 61(2):299–308.

[167] VUCIC J, KOTTKE C, NERRETER S, et al. 513 Mbit/s visible light communications link based on DMT-modulation of a white LED[J]. Journal of Lightwave Technology, 2010, 28(24):3512–3518.

[168] GUZMAN B G, SERRANO A L, JIMENEZ V P G. Cooperative optical wireless transmission for improving performance in indoor scenarios for visible light communications[J]. IEEE Transactions on Consumer Electronics, 2015, 61(4):393–401.

[169] LU I C, YEH C H, HSU D Z, et al. Utilization of 1-GHz VCSEL for 11.1-Gb/s OFDM VLC Wireless Communication[J]. IEEE Photonics Journal, 2016, 8(3):1–6.

[170] WANG Y, TAO L, WANG Y, et al. High speed WDM VLC system based on multi-band CAP64 with weighted pre-equalization and modified CMMA based post-equalization[J]. IEEE Communications Letters, 2014, 18(10):1719–1722.

[171] ZHANG R, WANG J, WANG Z, et al. Visible light communications in heterogeneous networks: Paving the way for user-centric design[J]. IEEE Wireless Communications, 2015, 22(2):8–16.

[172] LEE Y U, KAVEHRAD M. Two hybrid positioning system design techniques with lighting LEDs and ad-hoc wireless network[J]. IEEE Transactions on Consumer Electronics, 2012, 58(4):1176–1184.

[173] BOUCHET O, ELTABACH M, WOLF M, et al. Hybrid wireless optics (HWO): Building the next-generation home network[C]. Proceedings of the 6th International Symposium on Communication Systems, Networks and Digital Signal Processing, Graz, Austria, 2008: 283–287.

[174] RAHAIM M B, VEGNI A M, LITTLE T D. A hybrid radio frequency and broadcast visible light communication system[C]. Proceedings of IEEE Global Communications Conference Workshops, Houston, TX, 2011: 792–796.

[175] SHAO S, KHREISHAH A. Delay analysis of unsaturated heterogeneous omnidirectional-directional small cell wireless networks: The case of RF-VLC coexistence[J]. IEEE Transactions on Wireless Communications, 2016, 15(12):8406–8421.

[176] BAO X, ZHU X, SONG T, et al. Protocol design and capacity analysis in hybrid network of visible light communication and OFDMA systems[J]. IEEE Transactions on Vehicular Technology, 2014, 63(4):1770–1778.

[177] SCHLAG K H. Why imitate, and if so, how? A boundedly rational approach to multi-armed bandits[J]. Journal of economic theory, 1998, 78(1):130–156.

[178] MAGHSUDI S, HOSSAIN E. Multi-armed bandits with application to 5G small cells[J]. IEEE Wireless Communications, 2016, 23(3):64–73.

[179] WANG J, JIANG C, ZHANG H, et al. Learning-aided network association for hybrid indoor LiFi-WiFi systems[J]. IEEE Transactions on Vehicular Technology, 2018, 67(4):3561–3574.

[180] KAHN J M, BARRY J R. Wireless infrared communications[J]. Proceedings of the IEEE, 1997, 85(2):265–298.

[181] KOMINE T, NAKAGAWA M. Fundamental analysis for visible-light communication system using LED lights[J]. IEEE Transactions on Consumer Electronics, 2004, 50(1):100–107.

[182] GRUBOR J, RANDEL S, LANGER K D, et al. Broadband information broadcasting using LED-based interior lighting[J]. IEEE Journal of Lightwave Technology, 2008, 26(24):3883–3892.

[183] JIN F, ZHANG R, HANZO L. Resource allocation under delay-guarantee constraints for heterogeneous visible-light and RF femtocell[J]. IEEE Transactions on Wireless Communications, 2015, 14(2):1020–1034.

[184] JIN F, LI X, ZHANG R, et al. Resource allocation under delay-guarantee constraints for visible-light communication[J]. IEEE Access, 2016, 4:7301–7312.

[185] BUBECK S, CESA-BIANCHI N, et al. Regret analysis of stochastic and nonstochastic multi-armed bandit problems[J]. Foundations and Trends in Machine Learning, 2012, 5(1):1–122.

[186] MANNOR S, SHAMIR O. From bandits to experts: On the value of side-observations[C]. Proceedings of Advances in Neural Information Processing Systems (NIPS), Granada, Spain, 2011: 684–692.

[187] BRON C, KERBOSCH J. Algorithm 457: Finding all cliques of an undirected graph[J]. Communications of the ACM, 1973, 16(9):575–577.

[188] JOHNSTON H. Cliques of a graph-variations on the Bron-Kerbosch algorithm[J]. International Journal of Parallel Programming, 1976, 5(3):209–238.

[189] GRANT-MULLER S, USHER M. Intelligent Transport Systems: The propensity for environmental and economic benefits[J]. Technological Forecasting and Social Change, 2014, 82:149–166.

[190] FESTAG A. Cooperative intelligent transport systems standards in Europe[J]. IEEE Communications Magazine, 2014, 52(12):166–172.

[191] GERLA M, LEE E K, PAU G, et al. Internet of vehicles: From intelligent grid to autonomous cars and vehicular clouds[C]. Proceedings of IEEE World Forum on Internet of Things, Seoul, South Korea, 2014: 241–246.

[192] KUMAR N, RODRIGUES J J, CHILAMKURTI N. Bayesian coalition game as-a-service for content distribution in internet of vehicles[J]. IEEE Internet of Things Journal, 2014, 1(6):544–555.

[193] YU R, ZHANG Y, GJESSING S, et al. Toward cloud-based vehicular networks with efficient resource management[J]. IEEE Network, 2013, 27(5):48–55.

[194] DARGAY J, GATELY D, SOMMER M. Vehicle ownership and income growth, worldwide: 1960—2030[J]. The Energy Journal, 2007, 28(4):143–170.

[195] WATTS D J, STROGATZ S H. Collective dynamics of "small-world" networks[J]. Nature, 1998, 393(6684):440–442.

[196] BARABÁSI A L, ALBERT R. Emergence of scaling in random networks[J]. Science, 1999, 286(5439):509–512.

[197] BUTAKOV V A, IOANNOU P A. Personalized Driver Assistance for Signalized Intersections Using V2I Communication[J]. IEEE Transactions on Intelligent Transportation Systems, 2016, 17(7):1910–1919.

[198] DEY K C, RAYAMAJHI A, CHOWDHURY M, et al. Vehicle-to-vehicle (V2V) and vehicle-to-infrastructure (V2I) communication in a heterogeneous

wireless network-Performance evaluation[J]. Transportation Research Part C: Emerging Technologies, 2016, 68:168–184.

[199] PALAZZI C E, ROCCETTI M, FERRETTI S. An intervehicular communication architecture for safety and entertainment[J]. IEEE Transactions on Intelligent Transportation Systems, 2010, 11(1):90–99.

[200] CHENG X, YANG L, SHEN X. D2D for intelligent transportation systems: A feasibility study[J]. IEEE Transactions on Intelligent Transportation Systems, 2015, 16(4):1784–1793.

[201] WISCHHOF L, EBNER A, ROHLING H. Information dissemination in self-organizing intervehicle networks[J]. IEEE Transactions on Intelligent Transportation Systems, 2005, 6(1):90–101.

[202] AGARWAL A, STAROBINSKI D, LITTLE T D. Analytical model for message propagation in delay tolerant vehicular ad hoc networks[C]. Proceedings of IEEE Vehicular Technology Conference, Singapore, 2008: 3067–3071.

[203] PANICHPAPIBOON S, PATTARA-ATIKOM W. A review of information dissemination protocols for vehicular ad hoc networks[J]. IEEE Communications Surveys & Tutorials, Aug. 2012, 14(3):784–798.

[204] ZHU X, LI Y, JIN D, et al. Contact-aware optimal resource allocation for mobile data offloading in opportunistic vehicular networks[J]. IEEE Transactions on Vehicular Technology, 2017, 66(8):7384–7399.

[205] ZHANG Q, ZHENG H, LAN J, et al. An autonomous information collection and dissemination model for large-scale urban road networks[J]. IEEE Transactions on Intelligent Transportation Systems, 2016, 17(4):1085–1095.

[206] KIM R, LIM H, KRISHNAMACHARI B. Prefetching-based data dissemination in vehicular cloud systems[J]. IEEE Transactions on Vehicular Technology, 2016, 65(1):292–306.

[207] RÉMY G, SENOUCI S M, JAN F, et al. LTE4V2X—Collection, dissemination and multi-hop forwarding[C]. Proceedings of IEEE International Conference on Communications (ICC), Ottawa, Canada, Jun. 2012: 120–125.

[208] RÉMY G, SENOUCI S M, JAN F, et al. LTE4V2X: LTE for a centralized VANET organization[C]. Proceedings of IEEE Global Telecommunications Conference (GLOBECOM), Kathmandu, Nepal, Dec. 2011: 1–6.

[209] BERNARDO M, SALVI A, SANTINI S. Distributed consensus strategy for platooning of vehicles in the presence of time-varying heterogeneous commu-

nication delays[J]. IEEE Transactions on Intelligent Transportation Systems, 2015, 16(1):102–112.

[210] LEONTIADIS I, MARFIA G, MACK D, et al. On the effectiveness of an opportunistic traffic management system for vehicular networks[J]. IEEE Transactions on Intelligent Transportation Systems, 2011, 12(4):1537–1548.

[211] SKORDYLIS A, TRIGONI N. Efficient data propagation in traffic-monitoring vehicular networks[J]. IEEE Transactions on Intelligent Transportation Systems, 2011, 12(3):680–694.

[212] CENERARIO N, DELOT T, ILARRI S. A content-based dissemination protocol for VANETs: Exploiting the encounter probability[J]. IEEE Transactions on Intelligent Transportation Systems, 2011, 12(3):771–782.

[213] WANG J, JIANG C, HAN Z, et al. Internet of vehicles: Sensing-aided transportation information collection and diffusion[J]. IEEE Transactions on Vehicular Technology, 2018, 67(5):3813–3825.

[214] WANG J, JIANG C, ZHANG K, et al. Vehicular sensing networks in a smart city: Principles, technologies and applications[J]. IEEE Wireless Communications, 2018, 25(1):122–132.

[215] WANG J, JIANG C, GAO L, et al. Complex network theoretical analysis on information dissemination over vehicular networks[C]. Proceedings of IEEE International Conference on Communications (ICC), Kuala Lumpur, Malaysia, 2016: 1–6.

[216] SOMMER C, ECKHOFF D, GERMAN R, et al. A computationally inexpensive empirical model of IEEE 802.11p radio shadowing in urban environments[C]. Proceedings of The 8th International Conference on Wireless On-Demand Network Systems and Services, Bardonecchia, Italy, 2011: 84–90.

[217] BARTHELEMY M. Betweenness centrality in large complex networks[J]. The European Physical Journal B: Condensed Matter and Complex Systems, 2004, 38(2):163–168.

[218] EL GAMAL A, MOHSENI M, ZAHEDI S. Bounds on capacity and minimum energy-per-bit for AWGN relay channels[J]. IEEE Transactions on Information Theory, 2006, 52(4):1545–1561.

[219] YANG G M, HO C C, ZHANG R, et al. Throughput optimization for massive MIMO systems powered by wireless energy transfer[J]. IEEE Journal on Selected Areas in Communications, 2014, 30(60):1–12.

[220] SKIENA S. Dijkstra's algorithm[J]. Implementing discrete mathematics: Combinatorics and graph theory with mathematica, 1990: 225–227.

[221] WEDDERBURN R W. Quasi-likelihood functions, generalized linear models, and the Gauss-Newton method[J]. Biometrika, 1974, 61(3):439–447.

[222] YUAN J, ZHENG Y, ZHANG C, et al. T-drive: Driving directions based on taxi trajectories[C]. Proceedings of The 18th ACM SIGSPATIAL International Conference on Advances in Geographic Information Systems, New York City, NY, 2010: 99–108.

[223] NEWMAN M E, WATTS D J. Renormalization group analysis of the small-world network model[J]. Physics Letters A, 1999, 263(4):341–346.

[224] WANG J, JIANG C, QUEK T Q, et al. The value strength aided information diffusion in socially-aware mobile networks[J]. IEEE Access, 2016, 4:3907–3919.

[225] WANG J, JIANG C, GUAN S, et al. Big data driven similarity based U-Model for online social networks[C]. Proceedings of IEEE Global Communications Conference (GLOBECOM), Singapore, 2017: 1–6.

[226] WANG J, JIANG C, QUEK T Q, et al. The value strength aided information diffusion in online social networks[C]. Proceedings of IEEE Global Conference on Signal and Information Processing (GlobalSIP), Washington DC, 2016: 470–474.

[227] LIU J, SHI Y, FADLULLAH Z M, et al. Space-air-ground integrated network: A survey[J]. IEEE Communications Surveys & Tutorials, 2018, 20(4):2714–2741.

[228] WANG J, JIANG C, ZHANG H, et al. Aggressive congestion control mechanism for space systems[J]. IEEE Aerospace and Electronic Systems Magazine, 2016, 31(3):28–33.

[229] 官权升, 陈伟琦, 余华, 等. 声电协同海洋信息传输网络 [J]. 电信科学, 2018, 34(6):20–28.

在学期间发表的学术论文与研究成果

发表的学术论文

[1] **Wang J J**, Jiang C X, Wei Z X, Pan C H, Zhang H J, Ren Y. Joint UAV hovering altitude and power control for space-air-ground IoT networks[J]. IEEE Internet of Things Journal, 2019, 6(2): 1741–1753. (SCI 期刊，IF: 9.515，检索号：HX7DP)

[2] **Wang J J**, Jiang C X, Han Z, Ren Y, Hanzo L. Internet of vehicles: Sensing aided transportation information collection and diffusion[J]. IEEE Transactions on Vehicular Technology, 2018, 67(5): 3813-3825. (SCI 期刊，IF: 5.339，检索号：GF9PO)

[3] **Wang J J**, Jiang C X, Zhang H J, Zhang X, Leung V C M, Hanzo L. Learning-aided network association for hybrid indoor LiFi-WiFi systems[J]. IEEE Transactions on Vehicular Technology, 2018, 67(4): 3561-3574. (SCI 期刊，IF: 5.339，检索号：GD3KW)

[4] **Wang J J**, Jiang C X, Zhang K, Quek T Q S, Ren Y, Hanzo L. Vehicular sensing networks in a smart city: Principles, technologies and applications[J]. IEEE Wireless Communications, 2018, 25(1): 122-132. (SCI 期刊，IF: 11，检索号：FY4LT)

[5] **Wang J J**, Jiang C X, Han Z, Ren Y, Hanzo L. Taking drones to the next level: Cooperative distributed unmanned-aerial-vehicular networks for small and mini drones[J]. IEEE Vehicular Technology Magazine, 2017, 12(3): 73-82. (SCI 期刊,IF: 6.038,检索号:FF0CC)

[6] **Wang J J**, Jiang C X, Han Z, Ren Y, Hanzo L. Network associa-

tion strategies for an energy harvesting aided Super-WiFi network relying on measured solar activity[J]. IEEE Journal on Selected Areas in Communications, 2016, 34(12): 3785-3797. (SCI 期刊，IF: 8.085，检索号：EI4OQ)

[7] **Wang J J**, Jiang C X, Bie Z, Quek T Q S, Ren Y. Mobile data transactions in device-to-device communication networks: Pricing and auction[J]. IEEE Wireless Communications Letters, 2016, 5(3): 300-303. (SCI 期刊，IF: 2.449，检索号：DR1VO)

[8] **Wang J J**, Jiang C X, Quek T Q S, Wang X B, Ren Y. The value strength aided information diffusion in socially-aware mobile networks[J]. IEEE Access, 2016, 4(8):3907-3919. (SCI 期刊，IF: 3.244，检索号：DV2UM)

[9] **Wang J J**, Jiang C X, Zhang H J, Ren Y, Leung V C M. Aggressive congestion control mechanism for space systems[J]. IEEE Aerospace and Electronic Systems Magazine, 2016, 31(3):28-33. (SCI 期刊，IF: 0.771，检索号：DR1YN)

[10] Luo F, Jiang C X, Yu S, **Wang J J**, Li Y P, Ren Y. Stability of cloud-based UAV systems supporting big data acquisition and processing[J]. IEEE Transactions on Cloud Computing, 2019, 7(3):866-877. (SCI 期刊，IF: 5.967, 检索号：JD1MB)

[11] Yao H P, Mai T L, **Wang J J**, Ji Z, Jiang C X, Qian Y. Resource trading in blockchain-based industrial internet of things[J]. IEEE Transactions on Industrial Informatics, 2019,16(6):3602-3609. (SCI 期刊，IF: 7.377, 检索号：ID5OI)

[12] Yao H P, Gao P C, **Wang J J**, Zhang P Y, Jiang C X, Han Z. Capsule network assisted IoT traffic classification mechanism for smart cities[J]. IEEE Internet of Things Journal, 2019, 6(5):7515-7525. (SCI 期刊，IF: 9.515, 检索号：JF3OB)

[13] Duan R Y, **Wang J J**, Jiang C X, Ren Y, Hanzo L. The transmit-energy vs computation-delay trade-off in gateway-selection for heterogenous cloud aided multi-UAV systems[J]. IEEE Transactions

on Communications, 2019, 67(4):3026 - 3039. (SCI 期刊，IF: 5.69，检索号：HU4KG)

[14] Zhang X, **Wang J J**, Jiang C X, Yan C X, Ren Y, Hanzo L. Robust beamforming for multibeam satellite communication in the face of phase perturbations[J]. IEEE Transactions on Vehicular Technology, 2019, 68(3):3043-3047. (SCI 期刊，IF: 5.339，检索号：HP7BX)

[15] Li F X, Xu X B, Yao H P, **Wang J J**, Jiang C X, Guo S. Multi-controller resource management for software defined wireless networks[J]. IEEE Communications Letters, 2019, 23(3):506-509. (SCI 期刊，IF: 3.457，检索号：HO8WJ)

[16] Cong T S, **Wang J J**, Guan S H, Bai T, Mu Y F, Ren Y. Big data driven oriented graph theory aided tagSNPs selection for genetic precision therapy[J]. IEEE Access, 2019, 7(1):3746-3754. (SCI 期刊，IF: 4.098，检索号：HI1EJ)

[17] Wei Z X, Zhu X, Sun S M, **Wang J J**, Hanzo L. Energy efficient full-duplex cooperative non-orthogonal multiple access[J]. IEEE Transactions on Vehicular Technology, 2018, 67(10):10123-10128. (SCI 期刊，IF: 4.432，检索号：GX6FC)

[18] Wei Z X, Sun S M, Zhu X, Huang Y, **Wang J J**. Energy-efficient hybrid duplexing strategy for millimeter-wave bi-directional distributed antenna systems[J]. IEEE Transactions on Vehicular Technology, 2018, 67(6):5096-5110. (SCI 期刊，IF: 4.432，检索号：GJ7GH)

[19] Zhang Y D, Jiang C X, **Wang J J**, Yuan J, Han Z, Merouane D. Coalition formation game based access point selection for LTE-U and Wi-Fi coexistence[J]. IEEE Transactions on Industrial Informatics, 2018, 14(6):2653-2665. (SCI 期刊，IF: 5.43，检索号：GI3UN)

[20] Zhang Y D, Jiang C X, **Wang J J**, Han Z, Yuan J, Cao J N. Green WiFi implementation and management in dense autonomous environments for smart cities[J]. IEEE Transactions on Industrial

Informatics, 2018, 14(4):1552-1563. (SCI 期刊，IF: 5.43，检索号：GB7PK)

[21] Zhang Y D, Jiang C X, **Wang J J**, Han Z, Yuan J, Cao J N. Green WiFi Management: Implementation on partially overlapped channels[J]. IEEE Transactions on Green Communications and Networking, 2018, 2(2):346-359. (EI 期刊，检索号：20180204628286)

[22] **Wang J J**, Jiang C X, Wei Z X, Bai T, Zhang H J, Ren Y. UAV aided network association in space-air-ground communication networks[C]. IEEE Global Communications Conference (GLOBECOM'18), Abu Dhabi, UAE, Dec. 2018. (EI 收录，检索号: 2019 1306709589)

[23] **Wang J J**, Guan S H, Jiang C X, Zhang H M, Ren Y, Hanzo L. Network association for cognitive communication and radar co-systems: A POMDP formulation[C]. IEEE International Communication Conference (ICC'18), Kansas City, MO, May 2018. (EI 收录，检索号: 20183305703917)

[24] **Wang J J**, Jiang C X, Guan S H, Ren Y. Big data driven similarity based U-Model for online social networks[C]. IEEE Global Communications Conference (GLOBECOM'17), Singapore, Dec. 2017. (EI 收录，检索号: 20181905148751)

[25] **Wang J J**, Jiang C X, Ni Z Y, Guan S H, Yu S, Ren Y. Reliability of cloud controlled multi-UAV Systems for on-demand services[C]. IEEE Global Communications Conference (GLOBECOM'17), Singapore, Dec. 2017. (EI 收录，检索号: 20181905146989)

[26] **Wang J J**, Jiang C X, Han Z, Quek T Q S, Ren Y. Private information diffusion control in cyber physical systems: A game theory perspective[C]. IEEE International Conference on Computer Communications and Networks (ICCCN'17), Vancouver, Canada, Jul. 2017. (EI 收录，检索号: 20174404325184)

[27] **Wang J J**, Jiang C X, Quek T Q S, Ren Y. The value strength aided information diffusion in online social networks[C]. IEEE

Global Conference on Signal and Information Processing (GlobalSIP'16), Washington, DC, Dec. 2016. (EI 收录，检索号: 20172003679477)

[28] **Wang J J**, Jiang C X, Gao L X, Yu S, Han Z, Ren Y. Complex network theoretical analysis on information dissemination over vehicular networks[C]. IEEE International Communication Conference (ICC'16), Kuala Lumpur, Malaysia, May 2016. (EI 收录，检索号: 20163302714686)

致　　谢

时光飞逝，五年清华大学的博士学习和两年清华大学的博士后研究生涯已经圆满结束。七年前，刚进入实验室，我就跟着导师任勇教授开展下一代信息网络的相关理论研究，重点包括高动态网络建模、高效信息传输与扩散、网络资源动态配置和重构等。七年里，任勇教授在每一个关键阶段都为我指明方向、严格把关、悉心指导、督促鞭挞，付出了大量的汗水和心血。不仅如此，任勇教授也时刻身体力行，教会我很多为人处世和待人接物的道理，让我受益终身。在此，谨向任勇教授致以最诚挚的敬意和感谢。我也将继续努力，不辜负任勇教授的期望和厚爱。

另外，在英国南安普顿大学电子与计算机科学系的一年访问和在新加坡科技设计大学信息系统技术设计系访问期间，承蒙英国皇家工程院院士、IEEE 会士 Lajos Hanzo 教授和 IEEE 会士 Tony Q.S. Quek 教授对我在学术研究上的悉心指导、在异国他乡生活上的无微照料。两位教授严谨的学术态度和忘我的工作精神让我受益匪浅，也是我今后努力学习的榜样。

感谢姜春晓师兄、徐蕾师姐和杜军师姐在学术上对我的大力帮助，悉心指导我发表每一篇学术论文，提出中肯的意见和建议。同时，感谢实验室张鑫、关桑海、段瑞洋、马骏、方正儒、陈健瑞、侯向往、张凯等同学在学术和项目上的支持和帮助，怀念与你们废寝忘食、通宵达旦工作和讨论的日子。同时，感谢在国外交流期间相识、相知的潘鹏、徐超、王玺钧、冯大权、佘昌洋、白桐等老师和同学，感谢你们对我学习和生活的帮助，希望今后我们依然可以保持联系、共同进步。

一生大笑能几回，斗酒相逢须醉倒。感谢身边一路支持我和鼓励我的朋友们，感谢陈江、谭国兵、刘剑峤、肖鸣石等身在国外却依然能跟我保持密切联系和沟通的朋友；感谢苏宇、华玉浩、张策、于晨、姜秉圻、李弘扬、迟至真、杜建民等各位朋友，感谢你们一路为我排忧解难、同甘共苦。

见面怜清瘦，呼儿问苦辛。在此更要感谢含辛茹苦养育我的父母，你们用辛勤劳动为我创造了衣食无忧的学习和工作环境，让我心无旁骛地专心投身学术和科学研究，你们无限的关爱和无微不至的关怀让我勇敢地面对人生的各种坎坷和挫折，你们是我坚强的后盾和一生的榜样！

同时，本课题承蒙国家自然科学基金（项目号：62071268，91338203，61471025,61571300）和装备预研教育部联合基金(项目号:6141A02022615）的资助，特此致谢！

最后，感谢作者所在单位北京航空航天大学网络空间安全学院的领导、老师对本书出版的大力支持和帮助。

2021 年 9 月